천마산에
꽃이 있다

천마산에
꽃이 있다

들꽃을 처음 만나는
사람들을 위한 야생화 입문서

조영학 지음

글항아리

　　마석에 터를 잡은 지 8년, 산을 좋아하기에 그 전에도 자주 천마
산을 찾았지만 이사 온 뒤로는 한 달에 적어도 두 번, 봄꽃이 유혹할
때는 말 그대로 시도 때도 없이 드나들었다. "야생화의 보고." 천마산
을 부르는 또 다른 이름이다. 이유는 간단하다. 산들꽃을 쉽게 볼 수
있기 때문. 특히 3월이 되면 앉은부채, 너도바람꽃, 둥근털제비꽃, 복
수초, 처녀치마, 노루귀, 현호색 등이 팔현리 천마산 계곡을 따라 줄
줄이 등산객들의 눈길을 끄는데, 이렇게 한곳에 온갖 꽃이 옹기종기
자리를 잡기도 쉽지 않다. 몇 해 전, 변산바람꽃을 만나기 위해 경기
도 어느 산을 찾았을 때였다. 변산바람꽃까지는 좋았는데 노루귀 서
식지까지는 또 한참을 걸어야 하고 복수초는 아예 산을 하나 넘어야
볼 수 있다. 봄이 되면 전국의 야생화 애호가들이 부지런히 천마산
계곡을 찾는 이유다.

　　천마산은 꽃이 다양하다. 누군가 그런 말을 했다. "천마산은 귀한

꽃은 별로 없는데 경기도의 꽃을 모두 모아놓은 느낌이다." 내가 보기에도 그렇다. 이곳에 보기 힘든 꽃이 있기는 할까? "노랑앉은부채" "가지더부살이" "삼지구엽초" 정도? 요 근래 구상난풀이 나타나 화제가 되기는 했다. 노랑앉은부채는 울타리로 보호까지 해두었지만 알현하기가 만만치 않다. 매년 보였다 사라졌다를 되풀이하기 때문이다. 가지더부살이도 나름 귀한 식물로 분류하는데 등산로를 한참 벗어난 위치여서 일반인이 찾기는 불가능에 가깝다. 특별한 꽃을 몇 송이 보고 싶다면 차라리 이웃 축령산이 낫다. 강원도 깊은 산에나 가야 만날 범한, 나도바람꽃, 선쟁이눈, 박새, 금꿩의다리 등이 모여 살고 있다. 천마산의 자랑이라면 그보다 종이 다양하다는 것이다. 천마산은 군락 폭이 넓다.

아내와 종종 이 산 저 산 임도를 산책한다. 나날이 몸이 분다며 걱정하기에 함께 산책을 시작한 것이다. 아내는 처음에는 걷는 데만 열중하다가 언제부턴가 눈에 띄는 꽃 이름을 묻기 시작한다. 그러면 나는 꽃 이름을 알려주고 꽃 이야기도 아는 대로 들려준다. 실제로, 우리는 대부분 그렇게 꽃을 만난다. 산에 오르거나 들을 거닐다보면 어느 순간 예쁜 꽃이 눈에 들어오고 불현듯 꽃 이름이 궁금해진다. "와, 예쁜 꽃이다. 그런데 얘 이름이 뭘까?" 그렇다, 우리에게 필요한 것은 이름이다. 김춘수의 시처럼, 우리가 이름을 불러줄 때 꽃은 비로소 의미가 되어준다. 꽃을 이해하고 연구하고 분류하는 것은 그 다음이다. 『천마산에 꽃이 있다』는 제목처럼 "천마산"의 "산꽃" 이야기를 한다. 천마산 생태보고서나 일반 도감이 될 생각은 없다. 그보다는 여러분과 함께 가볍게 등산로를 산책하며 주변의 예쁜 꽃들을 감상하고 도란도란 꽃 얘기를 나누듯, 그렇게 꾸며나갈 생각이다. 밋밋한 도감용 사진을 가급적 배제한 것도, 식물도감에서 야생화를 분류할 때 사용하는 "근생엽" "총포" "총상화서" "원추화서" 등의 난해한 용어를 쓰지 않는 것도 그 때문이다.

이 책은 천마산 야생화를 다루지만, 기본적인 구분을 위해 다른 식생의 꽃들과 함께 얘기를 풀어가야 할 때가 있다. 예를 들어, 노랑망태버섯은 천마산에서 쉽게 만날 수 있지만 하얀 색의 망태버섯은 남쪽 지방 대나무 숲에 가야 볼 수 있다. 그렇지만 노랑망태버섯을 알려면 망태버섯의 존재와 모습도 알 필요가 있다. 마찬가지로 천마산의 명물, 너도바람꽃과 만나려면, 꿩의바람꽃, 만주바람꽃 뿐 아니라 천마산에 없는 변산바람꽃도 함께 봐야 한다. 그런 이유 때문에 비슷한 식생의 꽃들 모습을 비교해가며 함께 실어야 했지만, 덕분에 들꽃 초보자들의 야생화 입문서로도 활용이 가능해졌다. 천마산의 식생이 다양한 점도 입문서로서의 효과에 보탬이 될 것이다.

이 책은 천마산 생태계를 종합적으로 다루지는 않는다. 천마산 구석구석을 누빌 생각도 없다. 나 역시 보통 등산객들과 마찬가지로 등산로를 쫓아다니며 꽃을 만나고 카메라에 담았기에 등산로를 벗어나면 어디에 어떤 꽃이 피는지 자세히 알지 못한다. 처음에 밝혔듯이, 가볍게 산행을 하다가 꽃을 만나면 이름을 불러주고 인사하도록 하는 게 이 책의 목적이다. 이를 위해, 천마산의 등산로를 11개로 나누고 꽃 얘기를 할 때마다 언제 어느 지점에서 만날 수 있는지 표시해두었다. 예를 들어, 봄꽃의 시작은 당연히 천마산계곡이다. 여름꽃을 보고 싶다면 관리소에서 정상으로 올라가는 능선, 정상 부근, 가곡리 임도가 좋다. 이 책에서는 고매골(호평리 계곡), 천마산계곡, 절골(천마의 집에서 천마산계곡으로 이어지는 샛길), 배랭이고개, 관리소와 천마의 집에서 정상에 이르는 능선길, 가곡리 임도 등으로 나누었다. 100퍼센트 보장은 어렵지만 시기와 장소가 맞는다면 이 책 한

권을 들고 다니면서 이런 저런 꽃을 만나고 또 이름을 불러줄 수 있을 것이다.

천마산은 야생화의 보고로서 명실공히 국내 최고 수준이다. 부족한 야생화 지식으로 감히 이 책을 기획한 것도 천마산이라는 명산을 믿기 때문이다. 천마산은 서울에서도 멀지 않아 평소에도 등산객이 많이 찾는 곳이다. 묵현리, 팔현리, 평내호평, 금곡 사릉 어느 들머리를 통해 오르든 어디에서나 쉽게 야생화를 만날 수 있다. 우리나라의 야생화는 소박하면서도 기품이 있다. 이론의 여지야 있겠지만 나는 야생화를 보호하는 마음 또한 야생화를 아는 순간부터 출발한다고 믿는다. 내 경우도 그렇다. 산을 찾기 시작한 지 벌써 15년이다 되어가지만, 애기똥풀, 물봉선을 구분한 것도 불과 10년 언저리다. 모르긴 몰라도, 그 이전만 해도 아무렇지도 않게 꽃을 꺾거나 밟고 지나갔을 것이다. 지금은 발걸음 하나하나가 조심스럽다. 이름을 알면서, 한 송이 한 송이가 내게 의미가 되었기 때문이다. 여러분도 자주 꽃을 만나고 꽃 이름을 기억하면 좋겠다. 어느 꽃이 봄꽃이고 여름 꽃인지 알고, 어느 꽃의 사연이 아름다운지, 어느 꽃이 멸종 위기인지 구분하기를 바란다. 등산로를 따라 오르며, 함께 산행을 하는 동료처럼 소중히 대해주기를 바란다.

비교를 위해서라도 이런 저런 꽃 사진들이 필요했으나 이 근방에서 멀리 나가지 못하는 탓에 여러분께 부탁을 해야 했다. 망태버섯, 분홍장구채, 노랑무늬붓꽃 등 나로서는 만나지 못한 꽃들, 고맙게도 흔쾌히 귀한 사진들을 내주셨다. 곽창근, 성언창, 심미영, 이영선, 임성빈, 조민제, 최동기…… 모두 감사합니다. 특히 조민제 변호사께서는 원고를 하나하나 읽고 잘못된 정보, 문제점들을 지적해주셨다. 그분이 아니었다면 이 책은 무지와 후안무치로 얼룩지고 말았을 것이다.

천마산의 풀꽃, 나무 꽃을 보기 위해 수년 간 뻔질나게 산을 오르내렸다지만 개인의 노력이란 언제나 한계가 있기 마련이다. 예를 들어, 된봉-관음봉 능선, 마치터널 능선은 애초에 포기할 수밖에 없었다. 야생화가 많은 편도 아니지만 나로서도 어느 정도 집중할 필요가 있었기 때문이다. 그렇다 해도 여전히 아쉽다. 내가 놓쳤을 수도 있고 기억이 잘못되었을 경우도 있으리라. 비록 한계도, 실수도 있지만, 나름대로는 두 다리가 끊어질 정도로 고생하면서 기록했다 얘기할 수는 있다. 앞으로 이런 노력들이 이어져 내가 사랑하는 천마산의 생태를 온전히 기록할 날이 있으리라 믿어본다.

천마산天摩山을 아십니까

경기도 남양주의 812미터 고산이다. 고려 말 이성계가 "산이 높아 손이 석자만 더 길어도 하늘을 만질 수 있겠다"고 했다는 고사에서, 천마산, 즉 "하늘을 만질 수 있는 산"이라 이름 지었다 한다. 산림청이 지정한 우리나라 100대 명산에 속하며, 북쪽으로는 철마산과 주금산, 남쪽으로는 백봉, 갑산, 운길산, 예봉산까지 연계 산행이 가능하다.

예로부터 봄꽃이 유명해 3~4월이면 전국 각지에서 야생화 애호가들이 천마산계곡으로 몰려든다. 대표적인 산행로로는 호평동-천마의 집-정상, 묵현리 관리소-깔딱고개-정상, 오남저수지-천마산계곡-정상, 마치고개-정상이 있으며, 그 밖에 사릉이나 가곡리 보광사를 각각 들머리로 하는 등산로도 있으나 잘 알려지지 않았다. 요즘에는 경춘선 전철을 타고 사릉역, 평내호평역, 천마산역, 마석역 어디에 내려도 쉽게 접근이 가능하다.

　북쪽으로 고려 초(949)에 창건한 보광사가 있으며 남쪽으로는 천마산 스키장이 유명하다. 인근에 모란미술관, 영화 촬영지, 수동 유원지, 대성리 유원지 등 여행지를 찾아볼 수 있으며, 3일과 8일에 열리는 마석 오일장도 인기가 높다. 가곡리 임도를 중심으로 현재 휴양림 조성 공사가 한창이다.

천마산 꽃길 소개

　천마산은 식생이 특이해서 계절에 따라 꽃 피는 위치가 서로 다르다. 봄꽃이 가장 유명한 곳은 천마산계곡이지만 그 밖의 지역들도 시차를 두고 각기 특색 있는 들꽃 군락을 자랑한다. 예를 들어 천마산계곡은 처녀치마가 전국에서 가장 아름다운 곳이고, 절골길은 얼레지 군락이 발달했다. 천마산의 자랑거리 점현호색을 보려면 고매골이 가장 좋은데, 이곳에서도 노루귀 청색과 분홍색, 흰색을 모두 만날 수 있다. 천마산 임도는 봄, 여름, 가을 언제 가도 이런저런 꽃들이 반겨준다. 내가 알기에 천마산에서도 가장 독특한 식생은 단풍골 샛길이다. 깔딱고개 위쪽에서 임도로 내려가는 샛길이라 일반 등산로를 벗어나기는 하지만 이곳에서 가지더부살이를 만나고 유일하게 천마를 만났다. 노랑망태버섯 군락이 가장 광범위한 곳도 이 길이다. 이 책에서는 꽃을 소개할 때마다 꽃길을 밝혀 꽃과 쉽게 만날 수 있도록 배려했는데 그 이전에 각 군락지의 특징을 간략하게 살펴보자.

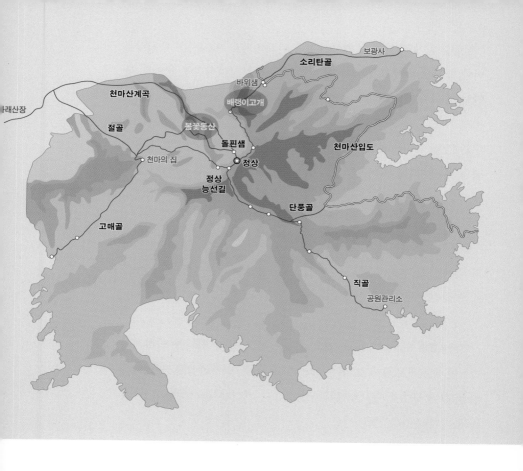

천마산계곡 봄꽃으로 가장 유명한 곳이다. 2월 말부터 계곡을 따라 봄꽃이 차례로 피어나는데 개체수가 많고 다양해 야생화를 보기 위해 전국에서 사람들이 몰려온다. 앉은부채, 너도바람꽃, 복수초, 각종 제비꽃, 개감수, 처녀치마, 얼레지, 금괭이눈 등 30~40종을 한자리에서 만날 수 있다.

절골길 천마의 집에서 천마산계곡 아래쪽으로 이어지는 내리막길이다. 대규모 얼레지 군락이 있고 꿩의바람꽃, 만주바람꽃 군락도 볼 만하다. 산자고, 중의무릇을 만날 수 있다.

고매골길 호평동에서 천마의 집으로 이어지는 계곡길이다. 점현호색과 큰괭이밥이 많이 피며 노루귀 삼형제(흰색, 분홍색, 청색)를 모두 볼 수 있다.

봄꽃동산 천마산계곡 위쪽으로 3월 중순부터 온갖 봄꽃이 화려하다. 복수초와 꿩의바람꽃, 노루귀들이 엄청난 군락을 이룬다. 천마산계곡에서도 가장 화려한 곳이다.

배랭이고개 3월 말 천마산계곡, 봄꽃동산의 봄꽃 잔치가 막바지에 이르면 배랭이고개가 그 뒤를 잇는다. 복수초, 만주바람꽃, 꿩의바람꽃 등을 시작으로 5월 초까지 현호색, 나도개감채, 홀아비꽃대 등 각종 꽃이 현란하다.

직골길 관리사무소 왼쪽의 계곡길이다. 천마산계곡보다 다소 늦지만, 피나물, 큰괭이밥 군락지로는 가장 클 것 같다. 둥근잎천남성 군락이 있고 산민들레도 만날 수 있다. 등산로에서는 다소 떨어져 있지만 옥잠난초, 가지더부살이를 만나기도 했다. 등산로가 아니라 샛길 방향이지만 천마산에서 유일하게 앵초 군락을 만날 수 있다.

능선길 천마산 정상에서 깔딱고개와 천마의 집으로 이어지는 등산길이며 여름 꽃이 많다. 봄이면 노랑제비꽃이 융단처럼 펼쳐지고 은방울꽃 군락도 꽤 유명하다. 정상 부근에서는 금마타리, 돌양지꽃, 바위채송화, 새며느리밥풀이 볼 만하다. 깔딱고개 쪽으로는 5월 두루미천남성 군락이 일품이다.

천마산 임도 봄에서 늦가을까지 언제나 야생화를 만날 수 있다. 봄꽃으로 노루귀, 만주바람꽃, 앉은부채, 꿩의바람꽃, 피나물, 점현호색 등에서, 모시대, 잔대, 초롱꽃 등등 각종 여름 꽃까지 화려하게 이어진다. 처녀치마 최대 군락이 있으나 최근 휴양림 조성으로 위태롭게 되었다.

단풍골길 깔딱고개에서 임도까지 짧은 샛길. 내가 아는 한 천마산에서 가장 독특한 식생군이다. 가곡리 방향에서는 유일하게 노루귀를 볼 수 있으며, 가지더부살이, 천마, 꿩의다리 등 나름 귀한 꽃들이 식생한다. 노랑망태버섯 군락지로도 천마산에서 가장 넓다.

돌핀샘길 돌핀샘 인근에서 정상에 이르는 등산로다. 불과 400미터 정도의 짧은 길이나 꿩의다리아재비, 큰앵초, 바위떡풀, 눈빛승마 등 고산에서 볼 수 있는 꽃들이 서식한다.

소리탄골길 보광사를 기점으로 하는 아름다운 계곡 등산로다. 잘 알려져 있지 않으나 유일하게 홀아비바람꽃 군락이 광범위하고 계곡을 따라 는쟁이냉이가 화려하다. 기슭에 귀한 앵초 밭도 있었으나 지금은 개발에 밀려 사라졌다.

차례

제3부
가을꽃
264

제1부

봄꽃

복수초 위
만주바람꽃 아래 왼쪽
노루귀 아래 오른쪽

2월 말, 3월 초순이면 약속이라도 한 듯 천마산의 북사면, 즉 산에서도 가장 춥고 하루해가 가장 짧은 계곡으로 향한다. 아직 얼음도 녹지 않아 얼음 사이사이 계곡물이 녹아 졸졸 흐르는 곳, 어디에도 생명체라고는 없을 듯하건만 신기하게도 봄꽃은 이런 곳에서 먼저 피어나기 시작한다. 등산로 초입에는 어느새 앉은부채가 자리를 잡고 수북한 낙엽과 얼음 사이로 너도바람꽃도 조금씩 고개를 들기 시작한다. 아직 보이지는 않아도 나뭇잎 저 아래에는 이미 복수초, 노루귀가 기지개를 켜고 있으리라.

이렇게 시작한 봄꽃은 3월 중순을 기점으로 가속도가 붙어 3월 말, 4월 초에 이르면 천마산계곡은 그야말로 봄꽃의 향연을 벌인다. 너도바람꽃, 꿩의바람꽃, 얼레지, 현호색 등 군락을 좋아하는 꽃들이 발 디딜 틈 없이 계곡을 가득 수놓기 때문이다. 그리고 그때쯤 직골, 고매골, 임도 어디에서든 어렵지 않게 봄꽃과 만난다.

봄꽃이 경이로운 생명체인 까닭도 여기에 있다. 꽁꽁 언 땅을 비집고 가장 먼저 여린 꽃대를 밀어 올리니 그 생명의 신비야 더 말해 무엇하랴. 더욱이 생존을 위해 역설적으로 가장 열악한 환경을 선택해야 했다는 얘기에는 나도 모르게 고개를 끄덕이고 만다. 북사면 계곡 주변은 머지않아 키 큰 풀과 나뭇잎이 햇볕을 가리기에 작은 봄꽃들은 2월 말부터 4월 말까지, 그 짧은 시간과 좁은 공간에 서로 순번을 정해 재빨리 피었다가 곧바로 자리를 내줘야 한다. 키가 작은 것도 그 때문이다. 꽁꽁 언 땅에서 뿌리를 깊이 내릴 수도 없지만 상대적으로 생명주기가 짧아 크게 자랄 수가 없는 것이다.

경쟁을 피하기 위해 경쟁해야 하는 여리디 여린 봄꽃들. 천마산 북사면 팔현리 천마산계곡은 봄꽃들에게 최적의 환경이다.

3월

꽃이야, 버섯이야?: 앉은부채

전국 각지, 습한 곳
천마산계곡, 천마산임도, 봄꽃동산, 돌핀샘길

"얘가 꽃이라고?"

오래 전 앉은부채를 처음 봤을 때 내 반응이 그랬다. 도깨비방망이처럼 생긴 꽃을 동그란 주머니(불염포)로 감싸 안은 모양이 정말로 특이했다. 다 자랐을 때 잎이 부채를 닮았다 하여 앉은부채라는 얘기도 있으나 그보다는 꽃의 모습이 좌선한 부처를 닮았다 해서 "앉은부처"였다는 설이 더 설득력이 있다. 세월이 흐르면서 누군가 이름의 종교색을 배제했다는 얘기겠다.

천마산에서는 2월 말, 너도바람꽃도 아직 기지개를 켜기 전, 꽁꽁 언 땅을 뚫고 가장 먼저 인사한다. 다래산장을 시작으로 돌핀샘길에 이르기까지 군데군데 비교적 자주 만날 수 있으며 임도에서는 다산 길 삼거리 약수터에서 보았다. 천마산에서는 노란색 앉은부채, 즉 노

노랑앉은부채 천마산에서만 볼 수 있으나 여전히 변이종으로 여긴다. ^위
애기앉은부채 앉은부채보다 많이 작다. 앉은부채와 달리 여름꽃이며 강원도 산지에 가야 볼 수 있다. ^{아래}

랑앉은부채가 유명해 멸종위기 종으로 보호하고 있다. (다만 앉은부채의 변이종으로 보기도 한다.) 독성 때문에 채취는 금물이라지만 초식동물들은 앉은부채 새순을 조금씩 뜯어먹는 식으로 겨우내 굳었던 장을 자극해 풀어준다니 삶은 어디에서나 신비롭기만 하다.

7~8월 강원도 산지에 가면, 생김새는 비슷하나 더 작고 앙증맞은 애기앉은부채를 만날 수 있다.

바람꽃 이야기

"꽃바람의 신 제피로스가 하녀 아네모네Anemone와 사랑에 빠지자 그의 아내이자 꽃의 여신 플로라가 질투에 빠져 아네모네를 꽃으로 만든다. 제피로스는 봄이 되면 따뜻한 바람을 보내 사랑하는 연인 아네모네를 꽃피운다." 서양의 바람꽃 아네모네에 따라다니는 전설이다. 그러고 보면 서양 꽃에는 이런 식으로 슬픈 사랑이야기가 많이 붙어 있다. 바람꽃이 너무 가련하고 아련해보여서 그런 걸까? 색이 화려한 서양의 아네모네와 순백 계통의 우리나라 바람꽃들이 실제로 어떤 관계인지는 모르겠으나 바람꽃 학명에 늘 *Anemone*라는 속명이 따라붙기에 인용해본다.

남한에서 만날 수 있는 바람꽃은 모두 12종이다.(분류학적으로는 꽃잎이나 포엽의 유무 등 기준에 따라 분류 방식이 조금씩 다르다. 다만 여기서는 이름만으로 구분해 12종이라고 했다.) 너도바람꽃, 만주바람꽃, 꿩의바람꽃, 홀아비바람꽃, 변산바람꽃(변이종으로서의 풍도바람꽃 포함), 회리바람꽃, 들바람꽃, 나도바람꽃, 남바람꽃, 세바람꽃, 바람꽃, 태백바람꽃. 이중 천마산에는 너도바람꽃, 만주바람꽃, 꿩의바람꽃, 홀아비바람꽃이 있으며 천마산에는 없으나 경기도 인근 산에서 만날 수 있는 바람꽃 종류는 변산바람꽃(명지산), 회리바람꽃(화야산), 들바람꽃(화야산, 명지산), 나도바람꽃(축령산) 정도다. 그밖에는 지극히 국지적이라 특별히 서식지를 찾지 않는 한 만나기가 어렵다. 남바람꽃(제주, 남부지방 일부), 세바람꽃(제주도), 바람꽃(설악산), 태백바람꽃(강원도 고산)이 그렇다. 바람꽃 중에서는 회리바람꽃이 꽃이 가장 작고 못생겼다. 태백바람꽃은 회리바람꽃과 생김새는 비슷하며 꽃은 훨씬

회리바람꽃 꽃이 가장 작다. 인근에서는 화야산에 가야 볼 수 있다. ^{위 왼쪽}
남바람꽃 들바람꽃과 비슷하나 꽃이 두 개씩 달린다. 자생지가 적어 멸종위기 종으로 분류. ^{위 오른쪽}
들바람꽃 꽃잎이 6~7개. 인근 화야산 뽀루봉 기슭이 군락지로 유명하다. ^{아래}

나도바람꽃 다른 바람꽃과 달리 꽃대에 꽃이 여러 개씩 달린다. 축령산에 산다. ^{위 왼쪽}
세바람꽃 꽃대 하나에 꽃이 세 개씩 달려 세바람꽃이나 실제로는 2개가 많다. 한라산에 살고 있다. ^{위 오른쪽}
태백바람꽃 회리꽃을 크게 확대한 듯한 모습. 잎은 들바람꽃을 닮았다. ^{아래 왼쪽}
바람꽃 유일하게 여름에 핀다. 군락을 이루며 설악산 높은 곳에 올라가야 볼 수 있다. ^{아래 오른쪽}

크다. 때문에 회리바람꽃과 들바람꽃의 교잡종으로 보는 견해도 있으나 확실하지는 않다.

바람꽃은 유일하게 6월 여름에 피며 우리나라에서는 설악산 고지에나 올라가야 만날 수 있다. 요컨대, 귀한 꽃을 보려면 체력도 기르라는 뜻이다. 몇 년 전, 좋은 기회가 있어 일본 홋카이도의 레분섬이라는 곳에 갔는데, 바람꽃이 언덕을 뒤덮는 장관에 한참을 넋을 잃어야 했다. 우리나라에서는 희귀종이 세계 어딘가선 잡초처럼 흔한 꽃이 된다.

천마산의 바람꽃

너도바람꽃, 꿩의바람꽃, 만주바람꽃, 홀아비바람꽃

천마산 바람꽃의 매력을 들자면 계곡과의 어울림일 것 같다. 겨우
내 얼었던 땅이 녹으며 졸졸 흘러내리는 계곡 주변으로 옹기종기 새
하얀 꽃들. 그 모습에는 나도 모르게 절로 탄성이 나오고 만다. 어느
꽃이 특별히 귀하다 할 수는 없겠으나 이곳의 너도바람꽃, 꿩의바람
꽃, 만주바람꽃은 천마산 특유의 아름다운 계곡과 어우러져 등산객
들에게 멋진 볼거리를 제공한다. 해마다 봄이면 야생화 애호가들이
앞을 다투어 천마산계곡을 찾는 이유도 그 때문이다.

천마산에 사는 바람꽃은 모두 네 종이다. 너도바람꽃, 꿩의바람꽃,
만주바람꽃, 홀아비바람꽃. 선두주자는 단연 너도바람꽃이다. 2월
말~3월 초면 꽃을 피우기 시작해 천마산 계곡을 가득 덮는다. 그리
고 그 기세가 꺾일 때쯤이면 꿩의바람꽃과 만주바람꽃이 거의 동시
에 고개를 든다. 등산길 여기 저기 눈처럼 희고 여린 꽃들. 행여 다칠
까, 발에 밟힐까 발걸음마저 조심스럽다.

홀아비바람꽃은 바람꽃들이 지기 시작할 때쯤 엉뚱한 장소에서
모습을 드러낸다. 그 때문일까? 천마산에 홀아비바람꽃이 있다는 사
실을 아는 사람이 거의 없다. 나도 3년 전 우연히 발견했으니.

너도바람꽃 바람꽃은 흰꽃이 매력적이다. 천마산 너도바람꽃은 분홍색 꽃술이 더해져 인기가 많다.

천마산의 대표 봄꽃: 너도바람꽃

중부 이북
천마산계곡, 봄꽃동산

천마산의 대표 봄꽃을 정하라면 나는 주저 없이 너도바람꽃이다. 인근 운길산 세정사 계곡과 화야산, 가평 명지산, 광주 무갑산을 비롯해 경기도 북부 산에서 쉽게 볼 수 있지만, 천마산은 천마산계곡의 비경과 어울려 그 어느 곳보다 자태가 아름답다. 더욱이 앉은부채를 예외로 하면 꽃다운 꽃으로서야 천마산에서 가장 먼저 봄을 알린다. 2월 초 남쪽지방에서 변산바람꽃이 봄의 문을 열면, 중부지방에서는 너도바람꽃이 꽁꽁 언 땅을 뚫고 나와 등산객들의 시선을 끄는 것이다. 몇 해 전부터는 하얀 꽃술 외에 분홍색까지 나타나기 시작해 더더욱 귀한 천마산 너도바람꽃이다.

너도바람꽃, 변산바람꽃, 꿩의바람꽃 등 바람꽃 가족에서 가장 흥미로운 부분은 꽃잎이다. 꽃잎으로 보이는 다섯 개의 하얀 조각은 실제로는 꽃잎이 아니라 꽃받침이 변한 형태다. 그럼 꽃잎은? 너도바람꽃에서 노란 꽃술처럼 보이는 부분이다. 꽃잎 아래의 녹색 잎 또한 잎이 아니라 포엽이라는 기관이라니 기가 막힐 노릇이다. 개미와 벌을 유혹하기 위해 꽃잎이 꽃술로 변해 꿀샘까지 만든 것이다. 봄꽃들의 생존전략에 혀를 내두르지 않을 수 없다.

너도바람꽃은 2월 말 천마산계곡 하류에서 피기 시작해 3월 말 봄꽃동산까지 이어진다.

너도바람꽃보다 더 빨리 피고, 가장 비슷하게 생긴 변산바람꽃은 꽃잎이 녹색, 꽃술이 대개 보랏빛을 띠는데 유감스럽게 천마산에는 없다. 경기도에서 변산바람꽃을 만나려면 대표적으로 수리산, 조금 늦은 3월 중순이면 명지산 아재비고개에 올라가야 한다.

너도바람꽃 노란 꽃잎이 매혹적이다. 눈이 내린 날 천마산에 올라가 설중 너도바람꽃을 만났다. ^위
변산바람꽃 주로 중부 이남에 산다. 깔때기 모양의 꽃잎(꽃술처럼 생김)이 특징이다. ^{아래}

얼음을 뚫고 피어나리: 복수초

전국 각지
천마산계곡, 봄꽃동산, 배랭이고개

3월 중순이면 어김없이 천마산에 오른다. 오로지 복수초를 보기 위해서다. 다른 곳은 여느 꽃보다 일찍 나온다는데 신기하게 천마산만 개화가 늦다. 일찍 피는 고장에 비해 두 달 보름씩이나 늦으니. 그래도 놓칠 수는 없다. 이제 막 개화한 노란색 황금 잔의 아름다움을.

가장 좋아하는 들꽃을 들라면 가을에는 구절초, 봄에는 복수초다. 이른 봄 깊은 산중에 들어가 눈부신 복수초를 만나보면 안다. 왜, 노루귀나 변산바람꽃이 아니라 복수초가 대표 봄꽃이어야 하는지. 이곳 천마산에서야 앉은부채와 너도바람꽃에 그해 첫 번째 꽃의 영예를 내주었지만 실제로 강원도 동해와 지리산에서는 매년 1월 초면 어김없이 노란 꽃을 피워 전국에서 가장 먼저 봄소식을 전한다. 한겨울 꽁꽁 언 얼음 사이로 꽃을 피우니 "얼음새꽃"이라 불리는 이유도 그래서다.

복수초는 봄꽃의 전령사답게 옛이야기도 많이 전해진다. 서양 복수초는 멧돼지에 물려 죽은 미소년 아도니스Adonis의 죽음을 기려 "슬픈 행복"이라는 꽃말을 지닌다. 일본에서는 크론 족의 여신 구노가 못생긴 두더지와 결혼을 거부하고 달아나다가 아버지의 노여움을 사서 죽임을 당하고 꽃으로 변했다고 한다. 죽어서라도 행복하라는 뜻에서 "영원한 행복"이라는 꽃말을 붙였는데, 복수초福壽草라는 일본식 이름이 붙은 것도 그래서다. "얼음새꽃" "눈색이꽃" 등 우리 이름으로 불러야 한다는 주장도 있다.

국내에는 복수초, 개복수초, 세복수초 세 종이 알려졌으나, 개복수초는 꽃받침의 수가 적고 길이가 짧다는 등 몇가지 차이가 있으나

복수초 어느 맑은 날 뒷모습을 훔쳐보았다.

세복수초 꽃이 크고
잎이 무성하다. 제주도
에 산다.

크게 드러나지는 않는다. 세복수초는 제주도에서만 살고 복수초와
달리 꽃이 크고 잎이 무성하기에 쉽게 구분할 수 있다.

천마산의 복수초는 3월 중순경 천마산계곡 중턱에서 시작해 4월
중순 배랭이고개까지 이어진다.

어느 꽃이 이보다 처연하고 아름다우랴
설중화

춘설이다.

오늘은 일찌감치 카메라를 챙겨 천마산계곡으로 향한다.

기대가 크다. 이런 날은 극히 드물기 때문이다. 아직 복수초는 올라오지 않았겠지만 이 정도 눈이면 앉은부채, 너도바람꽃 설중 풍경은 담을 수 있을 것이다.

봄꽃은 그 자체로 경이롭다. 기껏 손가락 한두 마디 크기밖에 되지 않은 연약한 꽃들이 어두운 북사면에서, 아직 채 녹지도 않은 땅을 비집고 나오니 오죽이나 기특하고 안쓰러운가.

그런데 아슬아슬 피어난 꽃 위에 눈이 수북이 쌓인다면? 그보다 아름답고 처연한 모습도 드물 것이다. 3~4월에 눈이 내린다 해도 기온 때문에 금세 녹기에 설중화는 그 어느 꽃보다 귀한 존재다. 대표적인 설중화로는 앉은부채, 너도바람꽃, 변산바람꽃, 흰괭이눈, 선괭이눈, 한계령풀, 복수초 등이 있다. 늦가을 높은 산정에 오르면 드물게 구절초, 쑥부쟁이 등 국화 위로 눈이 흩날리기도 하지만 경우도 드물고 봄꽃과 달리 키가 크기 때문에 아름다움은 훨씬 못미친다.

이해와 감상을 위해 그중 일부를 실어본다. 아쉽게도 천마산에서 만날 수 있는 설중화는 앉은부채, 너도바람꽃, 복수초 정도다.

너도바람꽃 위 왼쪽
모데미풀(성언창) 위 오른쪽
흰괭이눈(이영선) 중간 오른쪽
복수초(임성빈) 맨 아래

순백의 날갯짓: 꿩의바람꽃

전국 각지
천마산계곡, 봄꽃동산, 배랭이고개, 고매골, 직골, 절골

전 세계 바람꽃 종류는 150종이 넘는다고 한다. 우리나라에도 10종이 넘으니 봄꽃으로는 단연 으뜸이겠다. 차이가 있다면 서양 바람꽃 *anemone*은 파랑, 분홍, 빨강 등 색이 다양하고 화려한데, 우리나라의 바람꽃은 백의민족의 꽃답게 모두 순백이다. 그래서 오히려 정이 가는 걸까?

꿩의바람꽃은 (꽃잎으로 보이는) 꽃받침 수가 많기로도 으뜸이다. 우리나라 바람꽃이 대개 그 수가 다섯 개인데 반해 8~15개이기에 다른 바람꽃과 쉽게 구분된다. 꽃이 피어날 때 모습이 꿩이 모이를 쪼는 모습을 닮았다 하여 꿩의바람꽃. 햇볕을 받아 활짝 피어날 때도, 아침 일찍이 잔뜩 오므려 있을 때도, 어린 꽃받침의 분홍빛도 더없이 사랑스럽다. 역광으로 투명해진 뒷모습과 줄기 잔털도 매혹적이다.

꿩의바람꽃 꽃받침잎의 개수가 많다. 직골길에서 유일하게 만나는 바람꽃이기도 하다.

여린 바람에도 고개 숙이다: 만주바람꽃

전국 각지
천마산계곡, 봄꽃동산, 배랭이고개

점현호색, 금괭이눈 등과 더불어 국내에서는 천마산에서 처음 발견된 꽃이다. 이렇듯 천마산은 정말 자랑스러운 산이다. 야생화의 천국이라는 이름이 전혀 부끄럽지 않다.

만주에 자생하는 북방계 식물이므로 우리나라 남부지방에서는 만나기가 쉽지 않다. 미색의 작은 꽃이 특히 매력적이며 줄기가 워낙 여린 탓에 대개 비스듬히 기울어진 채 자란다. 천마산 바람꽃 중에서도 가장 크기가 작아, 다른 꽃에 비해 쉽게 눈에 띄지 않는다.

나이가 들어 꽃받침이 퍼지고 잎이 녹색으로 변하면 아름다움이 덜하므로 꽃이 작고 꽃받침잎이 붉은 빛을 머금을 때 만나도록 하자.

만주바람꽃 다른 바람꽃에 비해 꽃이 작다.

삼색의 요정: 노루귀

전국 산지

천마산계곡, 봄꽃 동산, 배랭이고개, 고매골, 단풍골

3월 말, 봄꽃 동산에 오르면 노루귀가 주변에 융단처럼 깔려 있다. 노루귀 쫑긋, 봄노래를 듣는 노루귀들. 기막힌 장관이다. 순백의 너도바람꽃, 꿩의바람꽃이 계곡을 덮을 때와도 분위기가 다르다. 흰노루귀, 분홍노루귀, 청노루귀가 섞여 말 그대로 총천연색이기 때문이다. 거기에 노란 색 황금 잔 복수초까지 더하니 황홀경이 따로 없다. 천마산의 대표적 봄꽃을 세 가지 고르라면 당연히 너도바람꽃, 복수초, 노루귀다. 그만큼 특별하고 아름다운 꽃이다.

꽃이 진 다음에 나오는 잎이 노루의 귀를 닮았다 하여 노루귀. 특히 보송보송 솜털이 아름답다.(역광으로 확인하라! 그럼 쉽게 이해할 수 있다!) 흰색, 분홍색, 청색 꽃 중 청색이 가장 귀하고 또 아름답다. 노루귀 가족으로 섬노루귀(울릉도), 새끼노루귀(제주도, 남부 일부)가 있으나 지역적으로 만나기가 어렵거나 외형상 별 차이가 없다. 바람꽃과 마찬가지로 꽃잎은 퇴화하고 꽃받침이 꽃잎으로 변해 곤충을 유인한다.

노루귀 역광에 비친 흰털이 매혹적이다.

천마산의 괭이눈 가족

흰괭이눈, 산괭이눈, 애기괭이눈, 금괭이눈

우리나라에서 쉽게 볼 수 있는 괭이눈은 다섯 종이다. 흰괭이눈, 산괭이눈, 애기괭이눈, 금괭이눈, 선괭이눈. 누른괭이눈은 금괭이눈과 비슷해 생략한다고 가정하면, 천마산에서 볼 수 있는 괭이눈은 선괭이눈을 제외한 4종, 가히 괭이눈의 천국이라 할 수 있다.

꽃이 지고 열매가 익어갈 때 모습이 졸린 고양이 눈을 닮았다 하여 괭이눈이라지만, 모양이 서로 엇비슷해 초보자들로서는 구분이 만만 치 않다. 구분 포인트를 찬찬히 살펴보고 차이를 익힐 필요가 있다.

문헌으로만 존재하던 괭이눈이 얼마 전 전남 영광에서 100년 만에 발견되었다 하니, 또 가슴이 설렌다.

선괭이눈 전반적으로 투명한 느낌이며 다른 괭이눈과 달리 잎의 톱니가 촘촘하다. 가까운 곳에서는 축령산에서 볼 수 있다.

금 나와라 뚝딱: 금괭이눈

전국 산지
천마산 계곡, 천마산임도

졸졸졸 얼음물 흐르는 계곡,

바위틈 사이사이 황금이 줄줄이 매달렸다.

신기하게도 꽃 뿐 아니라 잎까지 모두 황금색이다. 벌, 나비를 유혹한다고 개다래 잎이 하얗게 변한다지만 이렇게 꽃 전체가 황금빛으로 빛날 수 있다니.

천마산 금괭이눈은 계곡 바위틈에 피어 더욱 미모가 빼어나지만 국내에서 처음 발견된 곳도 천마산이다. 그래서 한 때 천마괭이눈이라 불릴 정도였으니 뭐니 뭐니 해도 금괭이눈은 천마산이 제격이다.

전국 각지에 산다지만 천마산에서는 천마산계곡에 가야 볼 수 있다. 임도 다산길 약수터 옆 계곡에도 피어 있으나 개체수가 적다. 수정이 끝나면 잎은 금세 녹색으로 돌아온다.

금괭이눈 전체적으로
흰괭이눈을 닮았으나
잎까지 온통 금색이다.

아기 고양이들이 옹기종기: 애기괭이눈

전국 산지
직골, 천마산계곡, 천마산임도

괭이눈 중에는 금괭이눈과 식생이 가장 비슷한 듯하다. 금괭이눈
과 함께 모여 사는 경우가 많고 계곡 물가를 좋아하는 것도 같다. 꽃
자체가 작아 그나마 괭이눈 가족 중에서는 구분이 가장 쉽다.

애기괭이눈 꽃이 아주 작으며 가지마다 1개씩 핀다.

내 마음의 보석상자: 흰괭이눈

전국 산지
직골, 절골

"이름이 왜 흰괭이눈이지?"

처음 이름을 듣는 사람들이 으레 하는 질문이다. 꽃잎은 노랗고 잎은 녹색이다.(괭이눈 가족 역시 노란 꽃잎은 꽃받침이 변한 것이다. 여기서는 편의상 꽃잎으로 부른다.) 흰색이라면 줄기를 가득 덮은 긴 털 정도다. 우습게도 원래 "흰털괭이눈"에서 "흰괭이눈"으로 이름이 변했다 하니, 이름 때문에 오히려 오해가 생긴 경우다.

괭이눈을 닮았다지만 흰괭이눈을 자세히 들여다보면 괭이눈보다는 보석상자를 닮았다. 네 개의 꽃잎 상자 속에 고이 담은 8개의 보석. 내 마음의 보석상자.

천마산에서는 특이하게 사는 곳이 다르다. 다른 괭이눈은 주로 천마산계곡에 살지만 흰괭이눈만은 천마산계곡이 아니라 직골 쪽에

흰괭이눈 여덟 개의 보석이 인상적이며 줄기에 굵은 털이 많다.

가야 맘껏 볼 수 있다. 절골에 있긴 해도 개체수도 적은 데다 등산로를 벗어나 만나기가 어렵다.

산괭이눈

전국 산지
직골, 천마산계곡

산괭이눈의 특징은 꽃받침잎이 바깥쪽으로 누웠다는 데 있다. 산기슭 습한 곳을 좋아하며, 괭이눈 중 가장 분포가 넓고 생명력이 강해 종종 산 아래 인가에서도 군락을 이룬다. 천마산에서는 직골 계곡이 가장 군락이 크며 천마산계곡에서도 어렵지 않게 볼 수 있다.

산괭이눈 꽃받침잎이 밖으로 젖혀져 있어 흰괭이눈과 구분된다. 줄기에 털이 없다.

종달새를 닮은 꽃
현호색
전국
천마산 전반

점현호색
전국 산지
고매골, 천마산계곡, 천마산임도

현호색도 군락이 아름다운 식물이다. 천마산은 현호색이 많아 3월 중순~4월 중순이면, 천마산계곡, 고매골, 배랭이고개, 천마산임도 사면까지 발 디딜 틈 없이 현호색으로 뒤덮인다. 꽃 모양이 특이해 "멸치꽃" "종달새꽃" 등 장난스러운 별명으로 부르기도 한다. 상상해 보라, 3월 말경 등산로를 걸으면 마치 엄마새한테 먹이를 갈구하듯, 바람에 조잘거리는 작고 파란 종달새들을!

점현호색은 현호색보다 꽃이 더 크고 화려하며 잎에 마치 막걸리를 뿌린 듯 흰 점이 덮여 있다. 금괭이눈과 마찬가지로 천마산에서 가장 먼저 보고되었기에 한때 천마산점현호색이라고 불리기도 했다.(변산바람꽃, 탐라현호색 등 지명에서 비롯한 이름이 적지 않건만 유독 꽃 이름마다 천마산을 배제하는 이유는 도대체 뭘까?)

천마산에는 현호색, 점현호색 외에 각시현호색, 조선현호색 등도 있으며 꽃의 크기, 개화 시기 등에서 다소 차이를 보이나 여기에서 다룰 정도는 아니다. 다른 지역에도 남도현호색, 갈퀴현호색, 쇠뿔현호색 등 종류가 다양한데 역시 구분이 쉽지 않다. 현호색玄胡索이라는 이름은 뿌리가 검은 북방식물이라는 뜻이다.

각시현호색 현호색보다 꽃이 작고 앙증맞다. _{맨위}
점현호색 꽃이 전체적으로 크고 잎에 흰점이 많다. _{줄간}
갈퀴현호색 꽃 옆구리에 갈퀴가 달렸다. _{아래 왼쪽}
현호색(흰색) 꽃이 특이하게 흰색이다. 배랭이고개에서 만났
으나 그 이후로 사라졌다. _{아래 오른쪽}

꽃이여, 고개를 들라: 큰괭이밥

전국 산지
고매골, 직골, 천마산계곡

봄꽃의 대체적인 특징을 보면, 1) 전체적으로 크기가 작고, 2) 꽃이 먼저 피고 잎이 나중에 올라오며, 3) 햇볕이 없으면 꽃잎을 접는다. 4) 그리고 생명주기가 짧아 이내 꽃이 지고 만다. 바람꽃 종류가 그렇고 노루귀가 그렇고 복수초가 또 그렇다. 큰괭이밥 역시 봄꽃의 특징을 모두 갖춘 터라 때를 잘 맞추지 않으면 자칫 때를 놓치기 쉽다. 게다가 고개를 한껏 숙인 탓에 꽃을 보려면 몸을 잔뜩 낮추어야 하는데, 붉은 핏줄 같은 꽃 문양이 무척이나 매력적이니 한 번쯤은 꼭 인사를 해보자.

생김새는 비슷하지만 작고 앙증맞은 애기괭이밥이 있으나 좀 더 귀한 꽃이라 아쉽게도 천마산에는 살지 않는다. 괭이밥이라는 이름은 고양이가 소화불량에 걸렸을 때 먹고 치료했다는 일화에서 비롯했다. 점현호색에 이어 한 순간 천마산(특히, 고매골과 직골)을 거의 뒤덮다시피 하는 꽃이다. 괭이밥 가족 특유의 하트 모양 잎도 매혹적이다.

애기괭이밥 큰괭이밥
의 절반 크기이며 꽃
은 흰색이다. 위
괭이밥 인가에서 쉽게
볼 수 있으며 꽃이 작
고 노란색이다. 아래

베들레헴의 노란 별: 중의무릇

전국 산지
절골, 천마산계곡, 봄꽃동산

봄꽃은 대체로 군락을 좋아한다. 너도바람꽃, 꿩의바람꽃, 복수초, 노루귀, 큰괭이밥, 현호색 등의 꽃은 개화기가 되면 서로 경쟁이라도 하듯 계곡을 덮어 행여 밟을까 걷는 것도 미안할 정도다. 하지만 봄꽃 중에도 만나기가 어려운 종류가 있다. 난초과가 특히 그렇다. 산자고, 중의무릇, 나도개감채들은 서식지를 크게 가리는 데다 개체수도 적어 천마산에서도 유난히 반가운 존재들이다. 그나마 나도개감초는 배랭이고개, 산자고는 직골 위쪽에 적잖은 군락을 이루지만 중의무릇은 그 정도의 군생도 없으며 꽃도 작아 눈에 잘 띄지도 않는다. 아마도 천마산 봄꽃 중에는 가장 보기가 귀한 분이리라.

청순가련. 진부하지만 중의무릇만큼 그 표현이 어울리는 꽃도 없다. 잎은 가늘게 하늘거리며, 꽃은 베들레헴의 노란 별Yellow Star of Bethlehem이라는 영명에 걸맞게 작고 예쁘다. 중의무릇이라는 이름은 스님처럼 산에 사는 무릇이라는 뜻이다. 무릇은 7월경 양지바른 곳에서 꽃을 피우며 중의무릇과 잎이 비슷하다.

애기중의무릇은 잎이 더 가늘지만 이 책에서는 다루지 않는다.

중의무릇 노란 별꽃이 아름답다. 꽃의 크기는 손톱 정도. ^위
무릇 7월경 무덤, 인가 등 양지바른 곳에 핀다. ^{아래}

한 폭의 아름다운 꽃치마: 처녀치마

제주를 제외한 전국
천마산계곡, 천마산임도, 돌핀샘길

"와, 처녀마을이다!"

천마산에는 아주 특별한 마을이 있다. 깎아지른 벼랑에 처녀치마가 빽빽하게 모여 사는 곳이다. 그 아래로 천마산 특유의 계곡이 흘러 그 자체로 비경이다. 내가 알기로 처녀치마 군락으로는 전국에서 가장 아름다운 곳이라, 3월 중순이 지나면 전국 각지의 야생화 애호가들이 오직 이 마을을 보기 위해 천마산을 찾는다. 다만 등산로에서 벗어난 데다 꽃 피우는 주기가 짧아 일반인들이 만나기는 쉽지 않다.

처녀치마는 잎을 치마처럼 치렁치렁 늘어뜨렸기에 붙은 이름이다. 내 생각에도 (흰괭이눈, 중의무릇 등과 달리) 꽃을 보는 순간, 이름의 유래를 이해할 수 있는 몇 안 되는 식물에 속한다.

미모는 덜 해도 돌핀샘길과 천마산임도는 산행 중에 쉽게 처녀치마를 만날 수 있다. 천마산임도는 최대 군락에 개체수도 많았으나 최근 휴양림을 조성 중이라 안타깝게도 훼손을 피할 수는 없겠다.

잎이 짧고 거치(톱니모양)가 없으면 숙은처녀치마라고 남부 일부 지방 고산에서 볼 수 있다. 비슷한 이름으로 칠보치마가 있는데 멸종위기라 만나기가 어렵다니 그 이름과 모양 정도는 기억해두자. 그래야 경남 어느 산을 지나다가 만나더라도 귀히 보호해줄 수 있을 터이니……

천마산의 처녀치마 군락. 이렇게 벼랑에 붙어 모여 산다.

처녀치마 ^위
칠보치마 경기도 칠보산에서 발견되었다 하나 지금은 없다. 멸종위기 종.(곽창근) ^{아래}

별인 듯 별이 아닌 별을 닮은 별꽃:
개별꽃과 큰개별꽃

전국 산들
천마산 일대

개별꽃과 큰개별꽃은 공히 개체수와 군락이 많기에 천마산 어디에서나 볼 수 있다. 구분 포인트도 단순하다. 개별꽃은 꽃잎이 다섯 장에 꽃잎 가운데가 오목하게 패고 큰개별꽃은 뾰족한 꽃잎이 7~8장이다. 둘 다 붉은색 꽃술이 특징이다. 사실 보현개별꽃, 비슬개별꽃, 참개별꽃, 긴개별꽃, 덩굴개별꽃 등 개별꽃도 족보가 복잡하지만 천마산에는 개별꽃, 큰개별꽃 두 종류이며 구분도 그 정도면 충분하다.

개별꽃 꽃잎이 다섯 장.
꽃잎 중간이 오목하다.

큰개별꽃
꽃잎이 7~8장

바람 난 미인의 얼굴: 얼레지

제주도를 제외한 전국 산지
절골, 천마산계곡, 봄꽃동산, 배랭이고개

　얼레지를 보면 왕년의 여배우 마릴린 먼로를 떠올린다. 영화 「7년 만의 외출」, 꽃잎을 벌러덩 뒤집은 모습이 딱 지하철 환풍구 위에서 뒤집힌 치마를 추스르던 마릴린 먼로다. 그러고 보니 별명까지 "바람난 여인"이 아닌가! 얼룩무늬 치마, 당당한 꽃대, 길고 가녀린 꽃술, 오만하게 뒤로 젖힌 붉은 꽃잎, 마치 수수께끼를 품듯 꽃잎에 선명하게 새긴 W 무늬. 이보다 화려하고 요염한 들꽃이 또 어디 있으랴. 봄꽃의 여왕이라는 찬사가 전혀 아깝지 않다.

　영화 「7년 만의 외출」을 떠올리는 이유는 또 있다. 얼레지는 열매가 땅에 떨어진 후, 양쪽 잎을 키우고 꽃대를 올려 꽃을 피우기까지 7년이 걸린다. 이른바 7년 만의 외출인 셈이다.

　인근 화야산이 열흘 정도 개화가 빠르기에 경기 지역에서 가장 유명하다지만 천마산의 얼레지도 만만치 않다. 특히 절골 군락지는 규모도 대단하지만 계곡을 따라 노랑제비꽃, 꿩의바람꽃, 현호색 등과 어울리면서 들꽃에 전혀 관심이 없는 등산객들의 시선마저 빼앗는다.

얼레지 화려하기로는 봄꽃 중 으뜸이다. 등산객에게 가장 인기있는 것도 그 때문이다. 위

흰얼레지(곽창근) 아래

손대지 마세요: 미치광이풀

중부 이북
천마산 전역

독성이 강해 먹으면 눈이 풀리고 발작을 한다 하여 미치광이풀. 꽃말도 똑같이 미치광이다. 검은 자색의 꽃은 늘 아래를 향하는데 무척이나 매혹적이다. 천마산계곡, 고매골, 절골, 천마산임도의 습하고 돌이 많은 곳이면 어디든 터를 잡고 단체생활을 한다.

천마산에 노랑미치광이풀도 산다고 하나 아쉽게 아직 만나지 못했다.

노랑미치광이풀(임성빈)

미치광이풀 검은 자색의 꽃이 잎 아래 숨어 있어 눈에 잘 띄지 않는다.

현호색과 헷갈려요
산괴불주머니
전국 각지
천마산 전역

자주괴불주머니
경기, 남부지방
천마산계곡

갓 피어날 때 모습이 노리개 괴불주머니를 닮았다 해서 산괴불주머니, 자주괴불주머니다. 산괴불주머니는 전국 산기슭 어디에서나 쉽게 만날 수 있다. 천마산에도 너무 흔해 잡초처럼 여길 정도다.

다만 자주괴불주머니는 사정이 다르다. 전국적으로도 드문 꽃이 아니건만 주로 남부지방에서 자라는 터라 천마산에서는 보기가 쉽지 않다. 천마산계곡 쪽에서도 매년 보였다 안 보였다를 반복하기 때문이다.

괴불주머니 종류는 현호색과 꽃이 비슷하지만 산괴불주머니는 꽃이 노란색이기에 쉽게 구분할 수 있다. 자주괴불주머니는 자줏빛이 나서 비슷한 시기의 들현호색과 비슷하다. 다만 자주괴불주머니가 더 우람하고 또 현호색과 달리 꽃 끄트머리만 자줏빛이 난다. 물론 어느 꽃이나 눈으로 전체 모습을 익히는 편이 좋다.

산괴불주머니 현호색과 달리 전체적으로 우람한 느낌이다. 양지바른 곳 어디에서나 볼 수 있다. 위
자주괴불주머니 산괴불주머니와 비슷하나 꽃 끄트머리가 자주색이다. 아래 왼쪽
선괴불주머니 꽃은 비슷하나 8월에 핀다. 산, 들 어디에서나 잘 자란다. 아래 오른쪽

4월

4월의 꽃: 피나물

중부 이북
천마산 전역

4월의 꽃. 내가 붙인 별명이다. 제주 4·3 사건, 4·19, 4·16 세월호 참사. 이런 저런 사건으로 4월은 유달리 우리 국민에게 한과 슬픔이 많은 달이다. 그리고 우리는 그 한을 노란색으로 표현하며 달랬다. 4월 초면 어김없이 피어나는 피나물. 피나물이라는 이름 또한 꽃의 줄기에서 피처럼 빨간 수액이 나오기에 붙었다 하니 어찌 4월의 한을 더 적절하게 표현할까 싶다. 나물 캐던 처녀가 절벽에 피어난 예쁜 꽃을 따다가 떨어져 죽고 그 자리에서 매년 봄이면 노란 꽃이 피어났다 해서 피나물이다. 이렇듯 전설마저 4월의 아픔과 어울린다.

중부 이남에는 조금 늦게 피나물 대신 매미꽃이 핀다. 꽃 모양도 흡사하고 역시 줄기를 끊으면 빨간 수액이 나온다. 대표적인 차이라면 피나물은 꽃대에서 꽃과 잎이 함께 나오는 반면 매미꽃은 잎과

피나물 크고 노란 잎이 네 장이다. 습한 곳, 물가를 좋아한다.

꽃이 서로 다른 줄기에서 나온다. 피나물을 노랑매미꽃으로 부르는
이유도 그래서다.

천마산은 피나물이 융단처럼 피어나는 곳이다. 천마산계곡, 고매
골, 절골, 단풍골, 천마산임도 등 4월 초면 산은 어디나 크고 샛노란
꽃들이 황금 밭을 만들어낸다.

매미꽃 꽃대와 잎이 다른 줄기에서 나온다. ^위
동의나물 피나물과 달리 꽃잎이 다섯 장. 잎이 곰취와 비슷하나 나물임에도 독성이 있다. ^{아래}

외롭지 않은 홀아비: 홀아비바람꽃

경기 북부, 강원도
소리탄골

어느 봄날, 소리탄골 길을 따라 천마산에 오를 때였다. 문득, 눈에 들어오는 흰꽃 군락. 어? 무슨 꽃이지? 이 길에 저렇게 화려한 야생화군락이 있었던가?

맙소사, 홀아비바람꽃이야! 처음에는 믿기지가 않았다. 세상에, 천마산에 홀아비바람꽃이? 10년 가까이 천마산을 드나들었지만 홀아비바람꽃은 보지도 듣지도 못하지 않았던가! 천마산 봄꽃을 보러 오는 이들이 주로 3월, 그것도 천마산계곡만 찾으니, 천마산계곡 반대편 외진 길, 그것도 4월 중순에나 피기 시작하는 꽃이 외부에 알려지기가 쉽지 않았을 것이다. 어쨌거나, 나로서는 꿈같은 만남이다. 홀아비바람꽃을 보고 싶으면 지금껏 인근 축령산을 찾았으나 그럴 필요가 없게 된 것이다.

꽃대 하나에 꽃이 하나씩 달린다는 의미에서 홀아비바람꽃이지만 늘 군락 생활을 하기에 그다지 외로울 것 같지는 않다.

홀아비바람꽃 꽃대에서 꽃이 하나씩만 나온다. 위
남바람꽃 전체적으로 홀아비바람꽃과 비슷하나 꽃대가 1~3개다. 제주도를 비롯 남부지방에서만 산다. 아래

천마산의 제비꽃

얼마 전 친구와 산에 갔을 때 남산제비꽃을 알려주니 자기는 지금
껏 제비꽃은 다 보라색인줄 알았다며 신기해했다. 모르긴 몰라도 꽃
에 관심 없는 사람이라면 대개 그럴 것이다. 제비꽃을 모르는 사람도
없지만 우리나라에만 (분류학자에 따라) 제비꽃이 60여 종이 된다는
사실을 아는 사람도 많지는 않다. 그만큼 종 사이의 교접도 활발하
고 변이도 많다. 꽃의 색도 다양하다. 흰색, 보라색 계열, 노란색 계
열…… 예를 들어 친구가 전혀 몰랐다는 흰색 제비꽃만 해도 태백제
비꽃, 남산제비꽃, 단풍제비꽃, 흰제비꽃, 흰들제비꽃, 흰젖제비꽃, 잔
털제비꽃, 민둥뫼제비꽃, 콩제비꽃, 태백제비꽃 등 무척 다양하다.

천마산은 제비꽃의 천국이기도 하다. 3월 초 둥근털제비꽃을 시작
으로 4월 노랑제비꽃과 졸방제비꽃이 질 때까지 계곡, 능선 등산로,
임도는 여기저기 다채로운 색의 제비꽃들이 시선을 유혹한다. 천마
산과 인근 마을에 제비꽃이 몇 종인지는 정확히 모르겠지만 내가 확
인한 종류만도 20종이 넘는다. 흰들제비꽃, 흰젖제비꽃, 남산제비꽃,
민둥뫼제비꽃, 줄민둥뫼제비꽃, 태백제비꽃, 단풍제비꽃, 콩제비꽃, 잔
털제비꽃, 졸방제비꽃(이상 흰색), 제비꽃, 서울제비꽃, 둥근털제비꽃,
고깔제비꽃, 왜제비꽃, 호제비꽃, 털제비꽃, 알록제비꽃, 자주알록제비
꽃(이상 보라색 계열), 노랑제비꽃, 화엄제비꽃.

이중에서 제비꽃, 왜제비꽃, 호제비꽃, 서울제비꽃, 흰들제비꽃, 흰
젖제비꽃은 인가 또는 무덤가에서 쉽게 볼 수 있고 나머지는 천마산
에 들어가야 인사가 가능하다.

제비꽃 구분은 결코 쉽지 않다. 잎과 색이 뚜렷하게 차이가 나는,

알록제비꽃   잔털제비꽃
졸방제비꽃   콩제비꽃
태백제비꽃   제비꽃
흰들제비꽃

남산제비꽃, 단풍제비꽃, 알록제비꽃, 노랑제비꽃, 고깔제비꽃 등을
시작으로 꽃과 잎을 살피며 차이를 익힐 필요가 있다.

민둥뫼제비꽃

남산제비꽃

외계인을 닮은 꽃: 개감수

전국 산지
천마산계곡

약초 감수를 닮았다 하여 개감수. 줄기의 흰 액이 독성이 강해 약초로 쓰이나 식용은 아니다.

붉은 싹도, 다 자란 초록색의 모습도 무척이나 신기하게 생긴 꽃이다. 가느다란 줄기 끝에서 다섯 개의 잎과 다섯 개의 꽃대가 올라오는 모습이 흡사 외계인을 보는 기분이다. 천마산계곡 여기저기 군락을 지어 살고 있으나 꽃 자체가 녹색이라 쉽게 눈에 띄지는 않는다.

비슷하게 생긴 꽃으로 같은 대극과의 암대극, 등대풀, 흰대극 등이 있으나 주로 남부지방에서 자라 이곳에서는 볼 수 없다.

개감수 다른 대극과 식물과 달리 꿀샘이 반달 모양이다.

등대풀 주로 중부 이남의 바닷가에서 산다. 위

암대극 바위에서 자란다 하여 암대극이다. 제주도 바닷가에 많다. 아래 왼쪽

흰대극 개감수와 비슷하나 남부지방에 가야 볼 수 있다. 아래 오른쪽

무덤을 좋아하는
봄꽃들

　너도바람꽃, 복수초 등이 생존을 위해 전략적으로 산지 북사면을 터전으로 선택한 반면, 따뜻한 햇볕이 무한정 내리쬐는 무덤을 좋아하는 봄꽃들도 많다. 사실 무덤가는 야생화를 관찰하기에 더 없이 좋은 보고다. 봄부터 가을까지 온갖 꽃들이 번갈아 고운 자태를 자랑하기 때문이다. 사는 곳이 경기 동북부 화도읍(마석)이기에 봄이면 지역 무덤가를 종종 뒤지지만, 무덤이라는 특성 때문에 식생은 천마산 주변 무덤가 어디나 비슷하리라고 본다.

　초봄 무덤가를 가장 먼저 찾는 들꽃은 할미꽃이다. 그 다음이 조개나물. 무덤가에서 눈여겨 볼만 한 봄꽃을 나열해보면, 각시붓꽃, 솜방망이, 솜나물, 봄맞이, 둥굴레, 큰구슬봉이, 애기풀, 꿩의밥, 은방울꽃, 양지꽃, 그리고 각종 제비꽃 등이 있다.

　따뜻한 4월, 주변에 무덤이 있으면 가볍게 산책 겸 찾아가보자. 무덤은 귀신이 아니라 들꽃의 보금자리다.

할미꽃   조개나물
각시붓꽃   솜방망이
큰구슬붕이   애기풀
양지꽃

오작교에서 만나요: 홀아비꽃대

중부 이북 산지
천마산계곡, 배랭이고개

피나물/매미꽃, 노랑망태버섯/망태버섯처럼 외모가 비슷하면서도 중부 이북과 이남으로 서식지가 갈리는 경우가 종종 있다. 홀아비꽃대와 옥녀꽃대도 그런 꽃들이다. 두 꽃은 남매처럼 닮았으면서도 남북으로 갈라져 영원히 만나지 못한다.(하긴 요 근래 일부 지역에서 홀아비꽃대와 옥녀꽃대가 함께 공존한다니 벌써 부부의 연을 맺었을지도 모르겠다.)

홀아비꽃대는 옥녀꽃대보다 꽃술이 짧고 단정치 못하다. 줄기 하나에 꽃 하나, 홀아비바람꽃과 같이 외롭게 꽃을 피워 홀아비꽃대.  "외로운 사람"이라는 꽃말도 잘 어울린다. 목을 길게 내밀고 옥녀를 기다리는 홀아비. 이미지에도 딱 어울리는 이름이 아닌가. 천마산 홀아비도 어서 옥녀를 만나 행복하게 살기를!

홀아비라는 이름과 달리 꽃은 하얗고 깨끗하다.

홀아비꽃대 꽃술이 짧고 아래 부분에 노란색 꽃밥이 달려 있다.
옥녀꽃대 꽃술이 길고 가지런한 느낌(임성빈)

구수한 차향 같은 꽃: 둥굴레

전국 산지
천마산 전역

꽃보다 차로 유명한 식물이지만 꽃 또한 백합과 특유의 우아함이 있다. 줄줄이 매달린 작은 종 모양의 꽃은 앙증맞기까지 하다.

천마산에는 둥굴레, 퉁둥굴레, 용둥굴레 세 종이 자주 눈에 띄며 둥굴레는 능선 등 양지바른 곳에서, 퉁둥굴레, 용둥굴레는 보다 습하고 그늘진 곳에 많다. 둥굴레 가족은 주로 꽃 모양으로 구분하지만 꽃이 잎 아래쪽에 매달려 있기에 산행 중 이름을 확인하려면 살짝 들쳐볼 필요가 있다.

산에 사는 식물은 눈과 사진으로만 담아야 한다. 뿌리를 말려 차로 만드는 탓에 둥굴레를 뿌리째 뽑는 사람들이 있다. 식물의 멸종 위기는 그렇게 시작한다.

둥굴레 포엽이 없이 꽃만 가지런히 매달려 있다. 위

용둥굴레 꽃이 두 개씩 달리며 둥굴레와 달리 어깨망토(포엽)가 있다. 아래 왼쪽

퉁둥굴레 용둥굴레보다 포엽이 작고 꽃이 많이 매달렸다. 아래 오른쪽

천마산의 붓꽃

각시붓꽃, 금붓꽃, 붓꽃

4월 중순은 우리나라 사계 중에서도 가장 아름다울 때다. 개나리 와 진달래, 벚꽃 등 산과 들에 온갖 꽃들이 한꺼번에 꽃망울을 터뜨 리기 때문이다. 벚꽃이 꽃망울을 터뜨리면 나는 당연하다는 듯 카메 라를 들고 옆 동산을 찾는다. 이맘때면 동산 무덤 여기저기 각시붓 꽃이 피어난다.

이맘때면 천마산도 절정이다. 현호색, 피나물, 얼레지 등 군락생활 을 하는 꽃들이 천마산을 융단처럼 덮기 때문인데, 겨울이 오기 전 단풍이 절창이듯 천마산계곡은 사실 이때부터 봄꽃을 마감하기 시 작한다. 그리고 4월 말 는쟁이냉이를 끝으로 봄꽃의 향연은 막을 내 린다.

꽃을 피우기 전의 모습이 붓을 닮았다 하여 붓꽃. 그 종류도 색도 천차만별이나 아쉽게도 천마산에서 볼 수 있는 붓꽃 가족은 각시붓 꽃, 금붓꽃, 붓꽃뿐이다.

각시붓꽃과 금붓꽃은 4월에 피고 키가 15센티미터 정도로 작다. 붓꽃은 각시붓꽃처럼 보라색 꽃을 피우나 꽃도 키도 훨씬 크다. 각시 붓꽃과 금붓꽃이 지고 5월에 피기 시작하며 대개 산기슭이나 무덤 가에 많다.

기이하게도 붓꽃 종류는 희귀종이 많다. 노랑무늬붓꽃, 노랑붓꽃, 난쟁이붓꽃, 솔붓꽃이 모두 멸종위기 종이거나 보호종인데 아쉽게도 천마산에서는 볼 수가 없다. 천마산의 붓꽃들은 전국 어디에서나 쉽 게 만나는 종류들이다. 그밖에도 꽃창포, 아이리스 계통이 붓꽃 가 족이니 눈여겨보도록 하자.

금붓꽃 20~30센티미터 크기이며 꽃이 전체적으로 황금색이다. ^위 **붓꽃** 키가 크다. 다른 붓꽃 종류가 지고, 5월에 양지바른 곳에 핀다. _{아래 왼쪽}
각시붓꽃 천마산 붓꽃 중에서는 제일 아름답다. 크기는 금붓꽃과 비슷하다. _{아래 오른쪽}

꽃창포 자주색 꽃이 피며 붓꽃과 달리 습지를 좋아한다.(성언창) ^위
노랑무늬붓꽃 흰 꽃에 노랑무늬가 매력적이다.(성언창) ^{중간}
난쟁이붓꽃 각시붓꽃과 비슷하나 키가 작고 꽃잎이 좁고 흰색 무늬가 넓다. ^{아래}

난초처럼 우아한 붓꽃: 각시붓꽃

전국 산지
천마산계곡, 정상 능선길, 직골, 천마산임도

황산벌 전투에서 전사한 신라의 화랑 관창.

님을 기다리며 시름시름 앓다가 숨을 거둔 정혼녀 무용.

두 사람의 무덤에서 피어난 각시붓꽃, 꽃은 무용의 미모를 닮고 잎은 관창의 검을 닮았다는 전설이 담겨있다.

등산로를 따라 올라가다 보면 높지 않은 곳 산비탈, 양지바른 곳을 따라 드물지 않게 만날 수 있으며 화려한 미모 덕에 만날 때마다 반갑고 기분이 좋다. 언뜻 보면 금붓꽃과 색만 다를 뿐 크기, 모양이 동일할 것 같지만, 실제로는 잎이 길고 날렵하며 꽃무늬도 더욱 화려하다. 각시붓꽃이라는 이름에도 고개를 끄덕이게 된다. 개화기가 짧아 자칫 시기를 놓칠 수 있다.

각시붓꽃

금처럼 흔한 듯 귀한 듯: 금붓꽃

전국(주로 경기도 지역)
천마산 계곡, 배랭이고개, 고매골, 직골

꽃이 황금색이라 금붓꽃이다. 화려함으로 치면 각시붓꽃에 뒤진다고 하나 전국 어디에서나 쉽게 만나는 각시붓꽃과 달리 주로 경기지역의 산에 산다고 한다. 그만큼 귀하다는 뜻인데, 그래서인지 천마산에서도 만나기가 쉽지 않다. 군락생활을 즐기지 않기에 서너 송이 피거나 많아봐야 스무 송이를 넘지 않는다.

비슷한 꽃으로 노랑붓꽃이 있는데 멸종위기 종이라 만나기가 거의 불가능하다. 노랑붓꽃은 꽃대 하나에 꽃이 두 개씩 핀다. 금붓꽃은 꽃대 하나에 꽃이 하나다.

금붓꽃

미나리야, 냉이야?: 미나리냉이

전국 각지
산기슭

미나리와 냉이를 골고루 닮은 꽃. 냉이 중에서는 키도 덩치도 가장 크다. 같은 십자화과인 는쟁이냉이와 피는 시기가 비슷하지만, 는쟁이냉이가 산중 계곡을 좋아하는 반면 미나리냉이는 산기슭의 습한 곳을 찾는다. 산기슭 인가에서도 어렵지 않게 만날 수 있기에 이따금 잡초 취급을 받는다.

꽃이 피기 전 새순을 나물로 먹기도 하나 식감은 냉이나 미나리보다 떨어진다.

미나리냉이 냉이보다 훨씬 크며 산기슭 인가에서도 쉽게 만난다. 잎 끝이 뾰족하다.

나도 백합이다: 나도개감채

중북부 고산
봄꽃동산, 배랭이고개

일본 홋카이도에서 흑백합을 본 적이 있다. 작은 키에 가녀린 꽃대, 까만색 꽃이 그렇게 신기할 수가 없었다. 백합과는 늘 그렇다. 너무나 우아해 사람의 혼을 빨아들일 듯한 분위기.

나도개감채는 꽃말이 "나도 백합이다"일 정도로 백합과의 매력을 흠뻑 담았다. 전체적으로 백합을 크게 축소해놓은 모습으로 백합과 특유의 하늘거리는 자태가 특징이다.

나도개감채가 만만한 꽃은 아니다. 중부 이북에서나 어렵사리 만날 수 있기 때문이다.(요즘에는 남쪽 고산에서 드물게 만날 수 있다고 한다.) 그래서인가? 천마산에서도 봄꽃동산 정도는 올라야 여기저기 조금씩 모습을 드러내는데, 신기하게도 배랭이고개라면 얘기가 다르다. 그곳은 나도개감채의 천국이라 할 정도로 많이 피어 있다. 나도개감채가 그리우면 4월 중순 배랭이고개에 올라가자. 다만 그만큼 시간과 체력이 필요하다.

다른 얘기지만 식물에 "나도" 또는 "너도" 같은 접두사는 분류군 또는 종은 다르지만 외형이 비슷할 때 붙인다. 예를 들어, 너도바람꽃, 나도바람꽃, 나도송이풀, 너도밤나무 등이 있다. 나도개감채와 비슷한 개감채는 백두산에 산다고 한다.

나도개감채 다섯 개의 아름다운 꽃잎과 난초 특유의 하늘거리는 잎이 매혹적이다. 피나물과 비교해보니 그 크기를 짐작할 수 있다.

흑백합 일본 대설산에 산다. 백합과의 특징을 잘 보여주고 있다.

고아하고 고혹한 귀부인: 산자고

전국 산지
천마산계곡, 절골

산자고山慈姑의 이름에 쓰인 한자는 산에 사는 자애로운 시어머니라는 뜻이다. 산자고 뿌리로 시어머니가 며느리 등창을 치료했다는 일화에서 나왔다. 며느리를 미워한 시어머니가 부드러운 풀잎 대신 가시가 있는 며느리밑씻개로 뒤를 닦도록 했다는 일화에 비하면 마음씀씀이가 정반대다. 우리나라에 하나밖에 없는 토종 튤립으로, 개인적으로는 "까치무릇"이라는 우리말 이름이 더 정겹고 아름답다.

중의무릇, 나도개감채, 산자고는 모두 백합과라 전체적으로 특징이 비슷하다. 별처럼 벌어지는 5~6개의 꽃잎, 가느다란 이파리, 하늘거리는 자태…… 마치 산에 사는 가녀린 여인을 떠올리게 한다. 산자고는 그중에서도 가장 크고 아름답고 또 귀하다.

주로 중부 이남에 서식하는 꽃이기에 천마산에서는 만나기가 쉽지 않다. 천마산계곡에 드문드문 자생하며 절골 위쪽에 작은 군락이 있다.

산자고 꽃잎 뒤쪽의 붉은 줄무늬가 매혹적이다. 천마산에서는 절골 위쪽에서 만날 수 있다.

새빨간 삐삐머리: 금낭화

제주도를 제외한 전국 산지
직골, 봄꽃동산

문헌에는 천마산이 금낭화의 대표적 자생지로 소개되어 있으나 실상은 그렇지 못하다. 문헌이 잘못된 걸까? 아니면 어느 시점엔가 멸종된 걸까? 천마산을 뒷산처럼 오르내려도 실제 금낭화를 만난 건 봄꽃동산과 직골 약수터 주변뿐이다. 하지만 봄꽃동산의 금낭화는 찾기도 어려울 뿐 아니라 약수터 주변의 금낭화는 자생인지 식재인지조차 모호하다. 천마산보다 인근 축령산 군락지가 볼 만하다. 요즘에는 야생화보다 화단의 관상용으로 더 유명하다.

금낭화의 이름은 비단주머니처럼 생긴 데서 비롯했으며 꽃말은 당신을 따르겠습니다라고 한다. 꽃말처럼 겸손하게 고개를 숙인 채 줄줄이 이어진 모습이 인상적이나, 사실 주머니보다는 예쁘게 머리를 땋은 삐삐 얼굴을 떠올리게 된다.

금낭화 삐삐머리 같기도 하고 통닭을 거꾸로 매달아놓은 것처럼 보이기도 하다.

천마산의 애기나리:
애기나리, 큰애기나리, 금강애기나리

누구에게나 첫 번째 들꽃이 있다. 아무 생각 없이 산길을 걷다가 문득 눈에 들어온 꽃. 조금 전까지만 해도 들꽃에 전혀 관심이 없었건만 귀신에라도 씐 듯 시선을 사로잡는 것이다. 그 꽃이 내게는 애기나리다. 산기슭 무덤가에 옹기종기 작고 하얀 꽃 무더기가 그렇게 신기해 보일 수가 없었다. 난 소위 똑딱이 카메라로 꽃을 찍어와 여기저기 물었고 그래서 "애기나리"라는 이름을 알았다. 후일 그 꽃이 귀하지도 않고 (다른 백합과 꽃에 비해) 특별히 아름답지도 않다는 사실을 알았지만 그래도 상관은 없다. 어쨌든 내게는 늘 첫 꽃이 아닌가.

애기나리의 종류는 셋이며 셋 다 천마산에서 볼 수 있다. 애기나리는 산기슭 건조한 곳에 무리를 지어 살며 가장 쉽게 접할 수 있다. 큰애기나리도 귀한 꽃은 아니나 천마산에서는 그렇게 호락호락하지만은 않다. 묵현리 쪽 인가 버려진 땅에 적잖은 군락이 있고 된봉 쪽 능선에도 군락이 하나 더 있으나, 정작 천마산에 들어서면 천마산계곡에서나 몇 송이 확인이 가능하다.

금강애기나리라면 얘기가 다르다. 이따금 천마산에서 예상 밖의 꽃을 만나 놀란 적이 있다. 홀아비바람꽃, 곰취, 꿩의다리아재비, 산 짚신나물 등이 그렇다. 하지만 아무래도 금강애기나리를 만난 때와 비할 수는 없으리라. 금강애기나리야, 1000미터 이상 고산에 있다는 귀한 꽃이 아니던가. 천마산에 있으리라고는 상상도 못했건만!(하긴 이웃 축령산에도 있기는 하다.)

금강애기나리는 과거 멸종위기 종으로 분류되었을 만큼 귀한 꽃이다. 금강산에서 처음 발견되었기에 금강애기나리, 꽃의 점박이 무늬가 무척이나 아름답고 귀여워 깨순이라고 불리기도 한다. 천마산에서는 봄꽃동산 인근에 살고 있으나, 워낙 꽃의 크기가 작고 개체수가 적은 데다 등산로에서도 한참 벗어난 곳이라 일부러 찾지 않으면 만날 수 없다. 그래도 금강애기나리가 살고 있다는 사실만으로도 천마산은 자랑스러운 보물창고.

애기나리 키가 20~30센티미터 크기이며 가지가 비스듬하게 선다. 왼쪽
큰애기나리 키가 40~50센티미터이며 잎맥이 깊고 잎에서 윤이 난다. 오른쪽

금강애기나리 꽃잎의 주근깨 무늬가 아름답다.

나를 건드리지 말아요: 삼지구엽초

중북부 고산
고매골

중국 고사에 보면 팔순 노인이 힘 좋은 숫양을 따라가다가 이상한 풀을 먹은 뒤 회춘하고 장가를 들어 아들까지 낳았다는데 그 풀이 바로 삼지구엽초다. 요컨대 몸에 좋다는 얘기인데, 들꽃 중에는 몸에 좋다는 이유로, 맛이 좋다는 이유로, 귀하다는 이유로 남획을 해서 고사 위기에 몰리는 경우가 있다. 천마산에는 천마, 삽주, 삼지구엽초가 대표적인 예다. 몇 년 전만 해도 그리 귀한 풍경이 아니었건만 지금은 만나기가 하늘의 별따기다. 들꽃 아니더라도 건강에 좋은 음식은 많다. 부디 들꽃은 눈으로 감상하고 사진으로만 보관하기를…….

가지가 셋, 가지 하나에 잎이 셋이기에 삼지구엽초라 부른다.

삼지구엽초 남획으로 이제는 천마산에서 만나기가 거의 불가능하다.(곽창근)

천마산의 족도리풀: 서울족도리풀, 무늬족도리풀

전국 산지
천마산 전역

경기도 포천 지방에 예쁜 소녀가 산다. 기막힌 미모 탓에 궁전과 중국으로 팔려 다니며 고생하다 결국 고향에 돌아오지 못한 채 고생 끝에 타지에서 숨을 거둔다. 그 사이 소녀의 모친도 죽는다. 그렇게 모녀가 죽은 후 집 뒷마당에 풀이 자라기 시작했는데 그 꽃이 시집갈 때 머리에 쓰는 족도리를 닮았다 하더라. 족도리풀에 얽힌 전설이다.

천마산은 유독 족도리풀이 많다지만 정작 족도리만큼 예쁘다는 꽃은 묘하게도 눈에 잘 띄지 않는다. 꽃이 잎 아래 숨고, 이른 봄 짙게 깔린 낙엽으로 덮였기 때문이다. 산행 중 하트 모양의 커다란 잎을 보면 허리를 굽혀 살짝 들쳐보시라.

천마산의 족도리풀은 서울족도리풀과 무늬족도리풀이다. 서울족도리풀은 중앙의 흰 원 무늬가 특징이다. 무늬족도리풀은 꽃과 잎에 얼룩무늬가 있으며 족도리풀보다 크기도 작다.

족도리풀도 족보가 복잡하다. 잎에만 무늬가 있는 개족도리풀, 자줏빛 잎의 자주족도리풀, 꽃잎이 작은 멸종위기 종 각시족도리풀 등등……

무늬족도리풀은 천마산계곡 비교적 높은 곳이나 배랭이고개 등에서 만날 수 있다.

서울족도리풀 꽃이 가장 크며 가운데 흰 원무늬가 있다. 위

무늬족도리풀 잎과 꽃에 흰색 점, 얼룩무늬가 있다. 가운데 왼쪽

자주족도리풀 잎이 자주색이다. 가까운 곳에서는 하남 검단산에서 볼 수 있다. 아래 왼쪽

각시족도리풀 꽃이 가장 작고 꽃잎이 뒤로 젖혀졌다. 제주도 등 남부 일부에서만 볼 수 있다. 아래 오른쪽

덩굴 같지 않은 덩굴: 벌깨덩굴

전국 산지
천마산 전역

벌이 좋아하고 잎이 깻잎처럼 생겼다 해서 붙은 이름이다. 4월 초 피나물과 함께 천마산 전역을 보랏빛으로 물들일 정도로 많아 습하고 그늘진 곳이면 어디든 쉽게 만날 수 있다. 처음에는 덩굴처럼 보이지 않으나 종자를 맺을 때쯤 덩굴로 변해 다른 식물을 감싸기 시작한다.

향기도 좋고 꽃도 신기하고 예쁘게 생겼지만 너무 흔해 사랑받지 못하는 꽃.

벌깨덩굴 턱 부분의 붉은 점과 노인 수염 같은 털이 인상적이다.

앵초는 어디에?: 앵초

전국 산지
직골

"행복의 열쇠"

앵초의 꽃말이다. 앵초 꽃을 열쇠구멍에 넣어 보물성을 열고 행복을 얻었다는 독일 전설에서 비롯했다. 그래서일까? 산행을 하다가 우연히 앵초 군락을 만나면 복권에라도 맞은 듯 기분이 좋다.

몇 해 전만 해도 소리탄골 보광사 기슭에 꽤 괜찮은 앵초 군락이 있었다. 매년 일부러 찾아가 인사했건만 언제부턴가 개발에 밀려 흔적도 없이 사라져버렸다. 그 후로는 천마산 어디에서도 앵초를 보지 못해 안타까웠는데, 2017년 직골에서 샛길로 빠졌다가, 좁은 계곡 옆에서 작은 군락을 만났다. 세상에, 그때의 기쁨이란! 와, 이제 천마산에도 앵초가 산다! 내게도 행복으로 가는 열쇠가 생겼다!(봄꽃동산 근처에 앵초가 있다는 얘기는 들었으나 한 번도 보지 못했다.)

홀아비바람꽃, 금강애기나리, 곰취도 그렇지만 천마산은 앵초가 산다는 사실만으로도 더욱 고귀하고 소중하다. 사람이 잘 다니지 않는 등산길이라 앵초를 만나는 것은 아쉽게도 쉽지 않은 노릇이다.

5월의 앵초, 큰앵초는 꽃은 똑같이 생기고 잎은 크게 다르다. 제주도 및 남부 지방에 잎이 작은 설앵초와도 비교해보면 좋다.

앵초 잎이 둥근 삼각형이며 가는 털로 덮여 있다. ^위
큰앵초 잎이 크고 단풍잎처럼 생겼다. ^{아래}

설앵초 잎이 앵초보다 훨씬 작다. 멸종위기 종이며 제주도 등 남부지방에서만 산다.(곽창근)

윤 판서 대감처럼 고고하게: 윤판나물

전국 산지
천마산계곡, 능선길

지리산 주변의 귀틀집을 윤판집이라 부른다. 꽃받침이 윤판집 지붕을 닮았다고 윤판나물이라지만 우리 친구끼리는 종종 대감나물이라고 부른다. 이름처럼 유달리 기품이 있어서일 것이다.

귀하지도, 흔하지도 않은 풀꽃이다. 키가 30~40센티미터로 큰 편인데도 쉽게 눈에 띄지 않는 이유는 꽃이 수수한 황색인 데다 고개를 숙이고 있기 때문. 잎은 둥굴레 비슷하며 역시 이름처럼 반짝반짝 윤이 난다.

가평에 자그마한 텃밭을 가꾸는데 봄이면 기슭에 윤판나물 30여 수가 올망졸망 모여 꽃을 피운다. 그 모습이 얼마나 예쁜지 봄만 되면 밭을 일구다 말고 나도 모르게 자꾸 그쪽을 살펴보게 된다.

윤판나물 노란 꽃잎이 아래를 향해 피어 있다.

지치과의 귀공자: 당개지치

중부 이북 산지
천마산계곡, 봄꽃동산, 소리탄골, 단풍골

원산지가 당나라라서 당개지치란다. 우리나라 경기도와 강원도 깊은 산지 반그늘 돌 틈에서 만날 수 있다. 전국적으로 보면 그만큼 귀한 꽃이라는 얘기인데, 천마산 곳곳에 의외로 군락지가 많아 역시 천마산! 하며 감탄사를 터뜨린다. 지치과 답지 않게 진보라색 꽃이 고급스럽고 화려하다. 만날 때마다 소중한 친구를 본 듯 기분이 좋아지는 꽃.

서식지가 반그늘인 데다 꽃이 잎 아래 숨어 쉽게 눈에 띄지는 않는다.

지치과의 지치, 개지치, 반디지치 등에 비해 단연코 미모가 뛰어나다.

당개지치 5~6개의 넓은 잎 아래 꽃이 숨어 있다.

당개지치 ^위
반디지치 영호남 등 남쪽에서 잡초처럼 자란다. (조민제) ^{아래}

이름이 참 예쁜 꽃: 참꽃마리

전국 산지
고매골, 천마산계곡, 절골, 소리탄골 등

이름이 참 예쁜 꽃들이 있다. 얼레지, 으아리, 꽃마리. 모두 우리말이다.

꽃마리는 길거리에서 흔히 보는 잡초이며 꽃이 2~3밀리미터 크기로 작아 눈에 잘 띄지 않는다. 참꽃마리는 산 습한 곳에서 자라고 꽃마리를 10배 정도로 확대한 모습이다. 때로는 푸른빛 때로는 분홍빛을 띠는 꽃잎이 매혹적이다.

잎, 꽃, 잎, 꽃 순서대로 피면 참꽃마리, 꽃이 줄기 끝에 모여 피면 덩굴꽃마리로 구분한다 하나 둘 다 참꽃마리라 불러도 무리는 없다.

참꽃마리 하늘색과 연분홍빛 꽃이 피며 잎, 꽃, 잎, 꽃의 순서로 꽃이 열린다.

꽃마리 꽃이 참꽃마리와 닮았으나 아주 작다. 왼쪽

참꽃마리 오른쪽

계곡이여 안녕: 는쟁이냉이

전국 산지
천마산 전역의 계곡

이른 봄, 계곡 주변의 등산로를 걸으면 어디에서나 꽃을 볼 수 있다. 너도바람꽃, 금괭이눈 등등 봄꽃들이 생존전략으로 대부분 계곡을 선호하기 때문이다. 그런데, 4월이 깊어가고 신록이 짙어지면서 계곡의 꽃들도 하나씩 자취를 감추기 시작한다. 민눈양지꽃, 개감수, 그 많던 점현호색, 피나물, 큰괭이밥은 다 어디로 갔을까? 어느덧 얼음이 다 녹아 힘차게 흐르건만 그럼에도 자꾸 허전해만 가는 계곡, 그 마지막을 장식하는 꽃이 바로 는쟁이냉이다. 그래서일까? 그 이름을 부를 때마다 아련하고 안타까워지는 까닭은?

비록 냉이라는 이름이 붙었지만 는쟁이냉이는 냉이답지 않게 꽃이 크고 화려하다. 특히 봄비가 내린 후 물이 많아진 계곡은 는쟁이냉이가 있어 더욱 아름답다. 이따금 이파리를 뜯어 입에 물면 는쟁이냉이 특유의 알싸한 맛과 향기 또한 일품이다.

비슷한 시기에 산기슭 계곡에서 볼 수 있는 냉이 중에 미나리냉이가 있다. 크기는 비슷하고 는쟁이냉이가 좌우로 벌어지는 느낌이라면 미나리냉이는 곧추 서는 쪽에 가깝다. 잎은 는쟁이냉이가 둥그스름하고 미나리냉이는 미나리처럼 끝이 뾰족하다.

눈쟁이냉이 눈쟁이냉이는 계곡과 함께 있어야 제 멋이다. 사
진 왼쪽에 흰무늬 하트형 잎이 바로 무늬족도리풀이다. 위
미나리냉이 눈쟁이냉이와 달리 꽃이 뭉쳐 있다. 아래

노란 카펫의 능선길: 노랑제비꽃

전국 산지
정상 능선길, 천마산계곡, 단풍골길

천마산 봄꽃은 북사면 천마산계곡을 중심으로 산 아래쪽 계곡에서 시작한다. 그렇게 앉은부채, 너도바람꽃을 시작으로 4월 말까지 화려한 봄꽃 축제를 벌이고 나면 는쟁이냉이를 마지막으로 향연을 마친다. 여름꽃은 그 반대로 햇살 찬연한 능선에서 시작한다. 그리고 천마산에서는 그 시작이 바로 노랑제비꽃이다. 계곡에서 는쟁이냉이가 필 무렵 햇볕 따뜻한 능선 등산길에는 노랑제비꽃이 하나둘씩 화려한 색을 뿜내는데, 여느 제비꽃과 달리 군락생활을 하는 터라 4월 말경이면 천마산 능선길을 노란 융단으로 덮어 장관을 연출한다.

노랑제비꽃, 졸방제비꽃은 다른 제비꽃보다 늦게 개화한다.

노랑제비꽃 천마산 제비꽃 중에서는 유일하게 노란색이다. 호평 동쪽 능선을 카펫처럼 장식한다.

계곡의 사랑스러운 미인: 민눈양지꽃

중부이남 산지
천마산계곡

천마산에는 양지꽃 종류가 많다. 양지꽃, 돌양지꽃, 세잎양지꽃, 물양지꽃, 민눈양지꽃. 그중 제일 아름다운 양지꽃이 민눈양지꽃이다. 아름다운 이유는 다른 양지꽃보다 꽃이 크고 꽃 중앙에 주황색 무늬가 있기 때문. 그래서일까? 꽃말도 사랑스러움이다. 4월 중순, 천마산 계곡을 따라 옹기종기 모여 있는 모습을 보면 그렇게 사랑스러울 수가 없다.

중부이남에 피는 꽃이라지만 이 부근에는 축령산에서도, 천마산에서도 볼 수 있다. 다만 식생을 따지는 탓에 천마산에서는 천마산 계곡 한정된 곳에서만 살고 있다. 다행히 등산길인데다 꽃 색이 화려해 쉽게 눈에 띈다. 전체적으로 세잎양지꽃과 비슷하지만 잎도 더 커서 큰세잎양지꽃으로 부르기도 한다.

민눈양지꽃 꽃 중앙에 붉은 무늬가 있으며 세 개의 커다란 잎이 특징이다.

5월

은은하고 우아한 자태: 은대난초

전국 각지
직골, 고매골, 절골, 천마산계곡

산에서 난초과 야생화를 만날 때만큼 기분 좋은 때도 드물다. 그만큼 우아한 기품을 자랑하기 때문인데 게다가 난초과답게 만나기도 만만치 않다.

우리나라에 자생하는 난초과 식물이 무려 80여 종이라지만 천마산에는 10종이 채 되지 않는 데다, 난초라는 이름이 붙은 꽃은 은대난초, 옥잠난초, 감자난초, 타래난초가 고작이다. (천마산 지류랄 수 있는 작은 동산에서 산제비란을 만났으나 정작 천마산에서는 보지 못했고 또 기록도 없다.)

잎과 줄기가 대나무를 닮았다 하여 은대난초. 난초과 중에서는 가장 먼저 꽃을 피우는 편이다. 은대난초 외에 은대난초속에 속하는 개체는 은난초, 금난초 그리고 꼬마은난초 등이 있는데, 셋 다 남쪽에 사는 탓에 천마산에서는 만날 수 없다. 은대난초는 등산길 경사면 낙엽 사이에서 자란다.

은난초는 은대난초와 비슷해 구분이 쉽지 않으나 1) 잎이 꽃대 위로 올라가지 않고 2) 계란형이며(은대난초는 댓잎처럼 뾰족) 3) 꽃이 순백색이다.(은대난초는 미색에 가깝다.) 금난초는 꽃이 노란색이고, 꼬마은난초는 키가 성냥개비만큼이나 작고 잎이 거의 없어 쉽게 구분할 수 있다.

은대난초 잎이 꽃대 위로 올라가 있으며 잎이 좁다. 위 왼쪽
은난초 꽃이 잎 위에 피며 잎이 은대난초보다 넓다. 위 오른쪽
금난초 전체적으로 은난초와 비슷하며 꽃만 금색이다. 아래 왼쪽
꼬마은난초 이름답게 꽃이 작고 잎이 거의 없다. 아래 오른쪽

딸랑 딸랑 딸랑: 은방울꽃

전국 산지, 무덤가
정상 능선길

이보다 더 어찌 영롱할 수 있을까? 어떻게 이렇게 앙증맞을 수 있을까? 톡! 건드리면 딸랑 딸랑 종소리가 울릴 것 같은 들꽃이 천마산에 여섯 종류가 있다. 은방울꽃, 초롱꽃, 잔대, 모시대, 둥굴레, 종덩굴……. 은방울꽃은 그 중 개화 시기가 가장 빠르고 방울소리도 가장 청아할 것 같다.

노랑제비꽃이 저물 무렵 정상 능선길 여기 저기, 양지바른 곳에 군락으로 모여 있는데 새끼손톱만 한 꽃이 신기할 정도로 예쁘고 앙증맞기가 그지없다. 노랑제비꽃과 함께 천마산에 여름이 멀지 않았음을 알리는 메신저 같은 꽃이다. 천마산 정상에서 호평 쪽 능선으로 내려가다 보면 헬기장 오른쪽으로 엄청난 군락을 만날 수 있다.

옛날 옛날 요정들이 컵으로 사용했다는 전설처럼 더할 나위 없이 아름답지만 독성이 강한 아이…….

은방울꽃 너무도 앙증맞아 톡 건드리며 예쁜 종소리가 날 거만 같다

숲속의 요정: 감자난초

전국 각지
봄꽃동산

야생화 중에 "숲속의 요정"이라는 꽃말을 지닌 꽃들이 몇 가지 있다. 대표적으로 나도수정초, 개불알꽃, 닭의난초 등인데, 감자난초는 그중에서도 가장 만나기가 쉬운 편에 속한다. 물론 상대적인 얘기다. 다른 꽃들이 워낙 귀하기 때문인데 감자난초 역시 난초과인지라 쉽게 눈에 띄지는 않는다.

전체적으로 감자처럼 황토색이기는 해도 정작 감자난초라고 불리는 이유는 뿌리가 알감자처럼 생겼기 때문이다. 그러고 보니 감자 캐는 계절에 꽃이 절정이기도.

천마산의 어두운 숲속 우연히라도 눈에 띈다면 그날은 복 받은 날로 삼아도 좋다. 천마산에서는 봄꽃동산 주변 여기저기 산발적으로 피어 있다.

감자난초 꽃대 위에 황토빛 꽃이 올망졸망 피어 있다.

감자난초

산중의 미어캣 무리: 골무꽃

전국 산지
천마산 전역

어릴 때 양복점을 하던 아버지 덕에 골무는 자주 보고 또 이따금 바느질하면서 사용도 해보았다. 가죽이나 스테인리스 골무를 엄지에 끼우고 바늘을 꾹꾹 눌러가며 바느질을 하는 것이다. 지금도 골무를 사용하는 사람이 있을까?

꽃이 지고 난 후 꽃받침통이 골무를 닮았다고 골무꽃이라지만, 난 정작 골무꽃을 볼 때면 영화 「라이언 킹」의 미어캣이 떠오른다. 위험을 감지하고 고개를 삐쭉 내밀고 먼 곳을 바라보는 미어캣 무리. 천마산에서도 그리 귀한 꽃은 아니지만 산골무꽃, 광릉골무꽃, 그늘골무꽃, 떡잎골무꽃 등 같은 속의 외형이 비슷해 초보자들은 구분하기가 쉽지 않다.

지금 단계로서는 모두 골무꽃이라 칭해도 좋다. 다만 외형상 벌깨덩굴, 참골무꽃, 황금과는 차이가 있으므로 눈여겨보자.

골무꽃 꽃에 점 무늬가 있다. ^{위 왼쪽}
벌깨덩굴 전체적으로 꽃이 크고 잎에 톱니가 있다. ^{위 오른쪽}
황금 참골무꽃과 꽃은 비슷하나 잎이 가늘고 뾰족하다.(조민제) ^{가운데}
참골무꽃 골무꽃과 달리 꽃에 털이 없으며 잎에 톱니가 없고 윤이 난다. ^{아래}

크고 환한 미소처럼: 큰꽃으아리

제주도를 제외한 전국
천마산계곡, 고매골, 직골, 천마산임도

꽃말이 "아름다운 마음"이다. 이름처럼 넉넉한 꽃인데 꽃잎의 크기가 10~15센티미터로 국내에서 가장 큰데다 밝은 미색이라 멀리에서도 쉽게 눈에 띈다. 산기슭 계곡을 지나다 이 꽃을 만나면 정말로 기분이 밝아지고 등산의 피로를 잊는다.

주로 산기슭 주변에 살기에 산 깊이 들어갈 필요는 없으나, 벌레들이 좋아해서 아쉽게도 성한 꽃을 만나기는 쉽지가 않다. 처음에 미색을 띠다가 흰색으로 바뀌며 빠른 속도로 시드는 특성도 제대로 된 꽃을 보기 어렵게 만드는 요인이다. 귀하지 않으면서도 귀한 꽃. 특히 흥미로운 점은 꽃잎처럼 보이는 부분은 바람꽃 종류처럼 꽃잎이 아니라 꽃받침이라는 사실이다. 넝쿨식물이므로 다른 식물들을 감고 자란다.

종종, 주변에서 형형색색의 큰꽃으아리를 볼 수 있지만, 우리나라 토종 큰꽃으아리는 미색에 가까운 흰색이다. 모양은 비슷하다 해도 색이 다양한 꽃들은 수입원예종으로 클레마티스라고 따로 부른다.

큰꽃으아리 꽃이 크고 넉넉하다. 잎이 으아리를 닮았다.

들판이나 무덤가의 키 큰: 붓꽃

전국
산기슭, 무덤가

　산을 좋아하는 각시붓꽃, 금붓꽃과 달리, 시골 들판이나 무덤가를 더 좋아한다. 천마산에서도 낮은 지역, 양지바른 곳에서 만날 수 있다. 붓꽃 종류 중에서는 키가 가장 크고 보라색 꽃무늬도 화려하다. 유일하게 꽃대가 잎보다 큰 터라 보기에도 시원한 느낌을 준다.

붓꽃 꽃이 피기 직전의 모습이 붓을 닮아 붓꽃이다.

두루미 날다: 두루미천남성

전국 산지
정상 능선길, 임도, 배랭이고개

늦가을(10~11월) 산행을 하다 보면 빨간 포도송이 같은 열매가 땅에 박혀 있다. 바로 천남성 열매다. 꽃과 달리 예쁘고 화려해 쉽게 눈에 띄지만 옛날엔 사약재료로 쓰였을 정도로 독성이 강하다. 꽃말이 여인의 복수인 것도 독성 때문이 아닐까?

두루미천남성은 천남성 가족 중에서도 모습이 가장 독특하고 또 아름답다. 꽃술이 꽃잎 밖으로 길게 뻗은 데다, 잎이 활짝 날갯짓하는 모양이라 마치 한 마리 두루미를 연상케 한다. 노랑제비꽃, 처녀치마와 마찬가지로, 처음 보는 순간 왜 이름에 두루미가 붙었는지 무릎을 치게 될 것이다. 다른 천남성과 달리 햇볕에 강한 편이며, 관리소 쪽 능선 중간쯤 반그늘에 제법 그럴싸한 군락을 이루고 있다.

천남성 가족은 10~20센티미터에서 1미터 가까운 것까지 크기가 다양하다. 천남성, 둥근잎천남성, 점박이천남성은 천마산 어디에서나 볼 수 있다. 두루미천남성은 상대적으로 개체수가 적은 편이라 만날 때마다 반갑다. 제주도 및 남도에 큰천남성이 있는데 흑자색 꽃 덕분에 쉽게 구분이 가능하다.

두루미천남성 길게 이어진 꽃술과 날개를 편 듯한 잎이 인상적이다. ^위
큰천남성 전체적으로 덩치가 크고 꽃이 흑자색이다. (곽창근) 아래 왼쪽
천남성 열매 아래 오른쪽

사랑과 배려의 꽃: 할미밀망/사위질빵

전국 산지
천마산 전역

이름이 재미있다. 줄기가 잘 끊어지는 특징 때문에 할머니가 짐을
많이 묶지 않도록 배려한다고 할미밀망, 사위가 고생하지 말라고 사
위질빵이다. 그래서 꽃말이 "모정"인 모양인데, 할미밀망 줄기가 조금
더 질기니 할머니가 짐을 더 많이 져야 했을까? 어느 쪽이든 사랑이
듬뿍 담긴 이름이다. 둘 다 덩굴식물이고 꽃이 비슷하게 생겨 구분이
어렵지만, 할미밀망은 5월, 사위질빵은 할미밀망이 지고 난 뒤 7~8월
에 꽃을 피운다. 할미밀망은 꽃대 하나에 꽃이 세 송이(그래서 "세꽃으
아리"라 불리기도 한다)이며 사위질빵은 여러 송이다.

할미밀망은 산기슭에서 볼 수 있으며 사위질빵은 밭이나 무덤, 울
타리 등 인가에서도 쉽게 만난다. 꽃이 으아리와 비슷하나 잎 모양이
크게 다르며 꽃술이 훨씬 길고 화려하다.

으아리 꽃술이 짧고
잎이 갈라지지 않았다.

노루삼 흰 꽃이 정말 노루꼬리를 닮았다. 키가 큰 편.(임성빈) 왼쪽
촛대승마 꽃이 좁고 더 길다. 천마산에서는 볼 수 없다. 오른쪽

냄새보다 미모랍니다: 쥐오줌풀

전국 산지
천마산 전역

귀한 집 자손을 개똥이라고 부른다 했던가? 누린내풀, 노루오줌, 쥐오줌풀, 송장풀…… 아무래도 냄새를 특징으로 이름을 지으면 꽃의 입장에서는 큰 손해일 수밖에 없다. 저렇게 예쁜 꽃에 저렇게 안 예쁜 이름이라니! 사실 누린내풀은 저 옛날 어사화를 닮았을 정도로 아름다우며, 쥐오줌풀 역시 분홍색과 흰색의 조화가 무척이나 매혹적인 꽃이다. 송장풀도 나름대로 독특한 외모를 자랑한다.

쥐오줌풀은 키가 50~70센티미터 정도로 산과 들에서 어렵지 않게 만날 수 있다.

이참에 마타리과의 외형적 특성을 확실히 알아두기로 하자. 천마산에서는 마타리, 금마타리, 뚝갈이 있는데, 대체로 꽃 모양과 전초의 특징이 비슷하나 꽃의 색깔은 모두 다르다.

쥐오줌풀 마타리과는 다섯 개의 작은 꽃잎이 한꺼번에 모여 핀다. 마타리, 금마타리는 노란색, 뚝갈은 흰색.

돌아서면 보고 싶은 꽃: 큰앵초

전국 산지
돌핀샘길

천마산은 고산일까, 아닐까?

산꽃은 종에 따라 사는 곳이 다르다. 습하고 그늘진 곳에 사는 꽃, 양지바른 곳에 사는 꽃, 계곡에 사는 꽃, 능선에 사는 꽃, 높은 곳에 사는 꽃, 산기슭에 사는 꽃. 당연히 산이 높지 않으면 볼 수 없는 꽃들도 있다. 예를 들어, 설악산 공룡능선에 오르면 만나는 꽃들이 대부분 희귀종이다. 설악솜다리, 바람꽃, 난쟁이붓꽃, 나도옥잠화, 네귀쓴풀 등등. 물론 천마산에서는 살지 못한다. 천마산은 812미터로 높지도 낮지도 않은 산이다. 그래서일까? 이따금 고산에서나 볼 법한 꽃을 만나면 그렇게 기분이 좋을 수가 없다. 금강애기나리, 산짚신나물, 큰앵초, 산앵도나무가 다 그렇다. 다른 고산이라면 흔한 꽃이겠으나 천마산은 고도가 애매한 탓에 그렇게 개체수가 많지도 않다. 그중에서도 큰앵초는 가장 화려해 매년 일부러라도 산 정상에 오르는 수고를 마다하지 않는다.

산기슭에 모여 사는 앵초와 달리 큰앵초는 산 높이 올라가야 만날 수 있다. 천마산에서도 돌핀샘까지 올라가거나 아니면 철마산, 주금산 능선을 따라가야 이따금 조우가 가능하다. 사진에서 보듯 앵초와는 꽃 모양이 같고 잎은 다르다. 큰앵초가 조금 더 키가 크고 잎은 단풍잎처럼 생겼다. 제주도에서만 자란다는 설앵초도 잎 모양이 다르다. 들꽃에 관심을 갖기 전에는 꽃잔디를 앵초로 오해하기도 했는데 꽃 모양도 차이가 있지만 잎이 바늘처럼 뾰족해 쉽게 구분이 가능하다.

큰앵초 앵초 잎이 타원형에 가까운데 반해, 큰앵초는 단풍잎을 닮았다.

순결한 순백의 아름다움: 민백미꽃

전국 산지
천마산계곡, 봄꽃동산, 고매골

숲의 여름은 일찍 찾아온다. 숲은 어느덧 연두색을 벗고 짙은 녹색으로 옷을 갈아입었다. 5월 중순이면 키 작은 봄꽃은 모두 사라지고 그 자리를 시원한 그늘이 대신한다. 여름 꽃들은 나무와 경쟁해 햇볕을 받아야 하기에 봄꽃만큼이나 경쟁이 쉽지 않다. 키를 잔뜩 키우고 꽃대를 길게 올리는 것도 그래서다.

어두운 숲 속, 가장 눈에 잘 띄는 꽃은 아무래도 흰색이다. 이즈음이면 눈개승마, 노루삼 같이 키 큰 꽃들이 그렇다. 민백미꽃도 커다란 잎줄기 위로 시원하게 고개를 내민 터라 어두운 숲속에서도 쉽게 시선을 끈다. 다만, 군락이 드물어 천마산에서도 만나기가 만만치만은 않다. 천마산에서는 봄꽃동산 근처에 많이 산다.

민백미꽃 가족으로 짙은 자주색 꽃의 백미꽃, 연두색 꽃의 선백미꽃 등이 있으나 아쉽게도 이곳엔 살지 않는다.

민백미꽃 흰꽃 속에 박주가리과 특유의 떡살 같은 꽃술이 특이하다. ^위
선백미꽃 꽃 모양은 비슷하나 색이 연두색이다.(조민제) ^{아래}

숲 속의 고귀한 요정: 꿩의다리아재비

중부 이북 고산
돌핀샘길, 봄꽃동산, 직골

동물이나 식물에 "아재비"가 붙으면 "비슷하다"는 뜻이다. 꿩의다리아재비는 줄기, 잎, 크기가 꿩의다리와 닮았다. 꽃은 완전히 딴판이다. 꿩의다리는 흰 수술이 총채처럼 벌어지는 반면 꿩의다리아재비는 별 모양의 노란 꽃이 핀다. 둘 다 천마산에 살며 둘 다 만나기가 어렵다.

중부 이북의 청정한 고산에 살기에 주로 돌핀샘 인근에서만 보았으나, 2018년에는 직골 방향 산기슭을 어슬렁거리다가 한 개체를 만나기도 했다. 높은 산에서나 사는 아이가 왜 이 아래쪽까지 내려왔을까? 주변을 아무리 살펴도 다른 개체는 보이지 않았다. 직골은 이따금 의외의 꽃으로 사람을 놀라게 한다. 몇 해 전에도 산을 헤매다가 가지더부살이를 보지 않았던가.

꽃을 자세히 들여다보면 노란색이 세 겹으로 되어 있는데, 가장 바깥의 다섯 개 꽃잎은 사실 꽃잎이 아니라 꽃받침이다. 바람꽃, 노루귀처럼 꽃잎은 퇴화해 수술을 받치는 역할만 한다. 야생화의 생태 중에서도 가장 신비한 부분이다. 세상에, 꽃받침이 꽃잎으로 변하다니!

직골의 꿩의다리아재비는 등산로에서 벗어나 만나기 쉽지 않으니 결국 돌핀샘, 적어도 봄꽃동산까지는 올라가야 할 것이다. 천마산에서 귀한 꽃을 보려면 체력도, 눈도 좋아야 한다.

꿩의다리아재비 꽃받침잎 모양이 특이하다. 크고 작은 꽃잎 여섯 개가 번갈아 피어 있다.

나물로 더 유명한 꽃: 눈개승마

전국 고산
정상 능선길(호평쪽), 봄꽃동산, 배랭이고개

삼나물.

눈개승마를 부르는 또 다른 이름이다.

실제로 다른 꽃과 달리 검색을 하면 꽃이 아니라 대부분 나물 사진이 걸려 나온다. 그만큼 먹거리로 유명하다는 얘기인데 그 맛이 뛰어나 고기나물로도 불린다. 요즘엔 재배하는 곳, 판매하는 곳도 많으니 굳이 높은 산에 올라가 채취할 필요는 없다. 늘 그렇듯 산의 식물은 눈과 사진으로만 담을 일이다.

고산 식물이라 천마산에서도 높은 곳에 올라야 하지만 키가 큰 편에(1미터 정도) 군락생활을 하므로 쉽게 눈에 띈다. 봄꽃동산 위쪽, 배랭이고개가 최대군락지다. 역시 만나려면 오르고 또 올라야 한다는 뜻.

눈빛승마가 비슷하게 생겼으나 개화기가 차이가 큰 데다(눈빛승마는 9월 이후), 황백색의 눈개승마와 달리 눈빛승마는 꽃이 눈처럼 하얗고 잎이 깊이 갈라졌다.

눈개승마 잎이 가지런하고 꽃 색깔은 살짝 미색에 가깝다.

142

눈빛승마 잎이 가지런한 눈개승마와 달리 깊이 패었다.

제2부

여름꽃

하늘말나리 위
잔대 아래 왼쪽
큰까치수염 아래 오른쪽

나뭇잎이 우거지고 풀숲도 키가 훌쩍 컸다. 이제 얼음은 녹고 햇볕도 따갑지만 들꽃은 새로운 역경과 싸워야 한다. 이런 저런 식물들이 숲을 뒤덮고 있기에 그 속에서 햇볕 경쟁을 해야 하는 것이다. 여름꽃이 봄꽃에 비해 키가 훌쩍 큰 이유이기도 하다.

봄꽃이 한 곳에 모여 사는 것과 달리 특별한 군락지가 없는 것도 여름꽃의 특징이다. 봄꽃은 북사면 습한 계곡을 좋아하지만 여름꽃은 양지바른 능선, 경사진 풀밭, 돌이 많은 암반지대, 깊고 어두운 음지, 습한 계곡, 고지대, 저지대 등 저마다 제 성격에 맞는 곳을 찾아 자리를 잡는다. 때문에 여름꽃을 보려면 온 산을 다 헤집고 다녀야 한다. 여름을 종종 꽃궁기라고 부르기도 하지만 물론 봄보다 꽃을 보기 어렵기에 하는 투정에 불과하다. 천마산으로만 보더라도 봄꽃보다 여름꽃이 훨씬 종수가 많다.

봄꽃은 기슭에서, 여름꽃은 산마루에서 온다는 말이 있다. 산 정상이나 고산은 상대적으로 햇볕이 풍부하기에 꽃들한테는 낙원이 된다. 곰배령, 선자령, 함백산 만항재 등 1000미터 이상의 고지는 그래서 대부분 꿈의 동산이다. 아쉽게도 천마산은 그다지 높지 않은 탓에 봄과 달리 천상의 화원은 구경하기 힘들다.

한 자리에서 꽃을 보지 못하는 탓에 꽃 손님은 적으나, 그래도 천마산은 여름꽃들도 봄꽃 못지않다. 능선과 임도, 계곡 어디나 종류가 많고 개체수도 풍부하다. 특히 천마산계곡을 중심으로 정상 부근에는 고산에서 볼 법한 귀한 식물들이 간간히 등산객들의 시선을 사로잡는다. 천마산은 봄꽃의 보고가 아니라 야생화의 보고다.

6월

여름의 전령사: 큰까치수염

전국 산지
천마산 전역

6월 초가 되면 천마산은 큰까치수염의 세상이 된다. 이제 천마산에 여름이 왔음을 알리는 것이다. 이때가 되면 봄날 현호색, 피나물, 벌깨덩굴 등이 온산을 뒤덮듯, 어디에서나 큰까치수염을 만날 수 있다.

까치 목 부분의 흰 수염을 닮았다 하여 까치수염. 그런데 정작 까치수염은 훨씬 보기가 어려운 꽃이다. 큰까치수염에 비해 잎이 좁고 줄기에 잔털이 많으며, 잎과 줄기 사이에 붉은 잎점으로 구분하나, 천마산에서는 큰까치수염이 대세다.

자세히 봐야 예쁘고 오래 봐야 사랑스럽다고 했던가? 특히 짚신나물, 박새, 큰까치수염처럼 꽃이 뭉쳐 있는 종류가 그렇다. 전체적으로 하나의 꽃이지만, 그 속에 모여 있는 작은 꽃들 하나하나…… 마치 아기별, 아기 천사들이 한 곳에서 차례차례 눈을 뜨는 것 같다. 아래부터 꽃이 피기 시작해 위쪽에 필 때쯤엔 아래쪽은 이미 시들어 떨어진다. 정말이다, 자세히 보면 더욱 아름다운 꽃이다.

큰까치수염 잎과 줄기 사이의 붉은 점이 특징이다. ^{위 왼쪽}
까치수염 줄기와 잎이 가는 털로 덮여 있다. 잎과 줄기 사이에 붉은 잎점이 없다. ^{위 오른쪽}
갯까치수염 전체적으로 모습이 다르다. 울릉도, 제주도 등 해안지대에 산다. ^{아래}

사랑과 정열을 그대에게:
털중나리와 하늘말나리

전국 산지
천마산 전역

6월은 나리꽃 세상이다. 털중나리와 하늘말나리가 초여름을 알린후, 하늘나리, 중나리, 땅나리, 솔나리 등이 차례로 피어나면 어느새 장마도 끝나고 무더위는 절정을 향해 치닫는다. 그래서일까? 나리 계열의 꽃들을 보면 폭우 쏟아지는 산길이 먼저 떠오른다. 주로 여름 산행 중 만났기 때문이리라. 키도 크지만 꽃이 짙은 빨간색 계열이라 어둠 속에서도 쉽게 눈에 띤다. 야생화 중에서는 색이 가장 정열적이기도 하지만 천마산 털중나리, 하늘말나리는 능선 어디에나 있기에 애써 꽃을 찾아다닐 필요도 없다.

그밖에도 (다른 산에) 중나리, 말나리, 솔나리, 땅나리가 있는데 외형은 비슷하지만 의외로 구분은 어렵지 않다. 예를 들어 하늘, 중, 땅은 꽃이 향하는 방향이 각각 하늘, 중간, 땅이라는 뜻이며, "말"은 잎이 허리를 치마처럼 둥글게 감고 있을 때 붙인다. 그러니까 하늘말나리는 꽃이 하늘을 향하고 잎이 둥글게 치마를 감싸며, 털중나리는 꽃이 중간을 향하며, 가는 잎이 참나리처럼 어긋나기로 이어져 있다는 뜻이다.

아주 먼 옛날, 악행을 일삼던 원님 아들에게서 정절을 지키기 위해 자결한 처녀가 있었다. 그러자 원님 아들은 마음을 뉘우치고 처녀를 양지바른 산 속에 묻어주었는데, 그 자리에서 피어난 꽃이 나리였다. 그래서 꽃말도 "순결, 고귀, 존엄"인지 모르겠지만, 꽃의 화려함에 비하면 참 고루한 전설이고 꽃말이다 싶다.

털중나리 꽃 색깔이 진하며 꽃의 점들이 가운데에 몰려 있다. 위 왼쪽
하늘말나리 꽃이 하늘을 향하고 잎이 치마처럼 줄기를 감쌌다.(말나리 잎 사진 참조) 위 가운데
하늘나리 하늘말나리와는 잎에서 차이를 보인다. 위 오른쪽
중나리 꽃은 중간을 향한다. 꽃은 참나리를 닮았으나 조금 작다. 털중나리는 색이 더 진하며 꽃의 점이 꽃 중앙에 몰려 있다. 아래 왼쪽
땅나리 꽃의 방향이 땅을 향한다.(곽창근) 아래 오른쪽

참나리 나리 중에서 가장 크고 우람하다. 잎과 줄기 사이에 까만 씨앗(주아)이 있다. 산보다는 들과 인가에서 볼 수 있다. ^{위 왼쪽}
말나리 하늘말나리처럼 잎이 줄기를 감싸고 있으나 꽃은 중간을 향하고 색도 연하다.(이영선) ^{위 오른쪽}
솔나리 꽃이 분홍색이며 설악산, 소백산 등 고산 높은 곳에 살기에 제일 만나기 어렵다. ^{아래}

먼지털이가 아니라 꽃터리랍니다: 터리풀

전국 각지
천마산 전역

분홍색 꽃망울도 활짝 핀 꽃도 그지없이 아름다운 꽃이다. 6월 여름이 시작하는 길목에서 천마산의 아름다운 꽃이라면 털중나리, 원추리에 못지않다. 먼지털이처럼 꽃술이 길게 퍼진 모습이지만 자세히 보면 그 아름다움에 넋을 잃고 말 것이다.

꽃말은 "당신을 따르겠습니다."

천마산에서도 조금 습한 곳이면 어렵지 않게 만날 수 있다.

터리풀 자세히 보면, 꽃망울이 터지기 전, 붉고 둥근 몽우리도 길게 뻗은 꽃술도 정말 화려하고 아름답다.

귀하디귀한 더부살이: 가지더부살이

깊은 산
단풍골, 직골

곰취, 천마, 삼지구엽초, 가지더부살이…….

천마산에서 점점 사라져가는 식물들이다. 이유는? 몸에 좋다는 이유로 마구 캐가기 때문이다. 세상에는 몸에 좋은 약과 음식이 지천이건만 꼭 그렇게 멸종 위기로까지 밀어내면서 식물을 남획해야 하는 걸까? 도무지 이해 못할 일이다. 인터넷 검색을 하다보면, 아무렇지도 않은 듯 가지더부살이를 남획하고 판매하는 사진이 올라오는데 그럴 때마다 가슴 한 구석이 뜯겨 나가는 기분이다.

가지를 닮아서가 아니라 가지가 벌어져서 가지더부살이다. 꽃 같기도 하고 버섯 같기도 한 식물. "더부살이"라는 이름에서 알 수 있듯, 엽록소가 없어 스스로 양분을 만들지 못하는, 이른바 낙엽부생 식물이다. 천마산에서는 단풍골, 직골 두 군데에서 만났으나 둘 다 등산로에서 벗어난 숲속인지라 일반 등산객들에게는 더더욱 귀한 존재다.

희귀종이 드문 천마산에선 보기 드물게 귀한 존재.

가지더부살이 둥근 꽃이 자라면서 가지가 벌어진다.

도깨비는 어떤 부채를 쓸까?: 도깨비부채

중부 이북 고산
봄꽃동산, 단풍골, 돌핀샘길

한여름, 도깨비들이 옹기종기 모여 앉아 서로 부채질을 해주는 광경이 떠오른다. 잎이 큼지막해서(심지어 50센티미터가 넘는 것도 있다) 무서운 도깨비들이 들고 다님직도 하다. 우연히라도 도깨비부채를 만나면 이름에 담긴 해학을 엿볼 수 있으리라.

깊은 산에 사는 풀꽃이라지만 천마산계곡 중턱 이후, 습하고 그늘진 곳이면 어렵지 않게 볼 수 있다. 크고 독특하게 생긴 잎과 꽃 때문에라도 묘하게 시선을 끄는 매력이 있다. 유래는 모르겠어도 도깨비부채의 잎을 보면 이름이 잘 어울린다는 생각도 든다. 구름이 잔뜩 끼고 흐린 날, 깊고 어두운 산중에서 도깨비부채를 만나면 조금 섬뜩해지지만, 우습게도 꽃말은 행복, 즐거움이다.

도깨비부채 잎이 커다랗고 무섭게 생겼다.

귀하지 않은 듯 귀하게: 자란초

전국 산지
천마산계곡, 단풍골, 정상 능선길

흰괭이눈, 점현호색, 털중나리, 참좁쌀풀, 할미밀망, 참배암차즈기······.

천마산에 사는 우리나라 고유종 풀꽃들이다. 세계에서 오로지 우리나라에만 있는 꽃이기에 더욱 소중한 이름들. 자란초도 여기에 속한다. 이름에 "난초蘭草"가 들어가 있지만 난초과가 아니라 꿀풀과이며 꽃도 넓은 잎도 난초의 특징하고는 거리가 멀다.

한때 멸종위기 종으로 분류되었을 만큼 귀하다지만 천마산에서는 어렵지 않게 만날 수 있다. 대체로 군락생활을 하기에 눈에도 잘 띄는 편이다. 큰잎조개나물이라는 이름에서도 알 수 있듯 꽃은 조개나물과 비슷하다. 금창초, 내장금란초와도 비슷하나, 전체적인 모습이 달라 구분에는 문제가 없다.

환경부에서 한국특산종으로 지정하여 보호 중이다.

자란초 커다란 잎 4개가 보라색 꽃을 에워싸고 있다.

너희는 어느 별에서 왔니?: 금창초/내장금란초

중부 이남
정상 능선길

"응? 조개나물인가?"

천마산에 오르면 대체로 여기저기 닥치는 대로 드나든다. 정상에 올라갔다 다른 길로 빠졌다가 다시 정상에 오르기도 한다. 이런 고행을 마다 않는 이유는 당연히 행여, 어딘가 나도 모르는 귀한 꽃이 있을지 모르기 때문이다. 금창초와 내장금란초를 만난 것도 그 덕분이다. 어느 봄날 산중 무덤을 찾았는데 전혀 의외의 꽃이 옹기종기 피어 있었다. 조개나물과 꽃은 똑같이 생겼지만 조개나물처럼 우뚝 서지 못한 채 바닥을 기는 아이들.

금창초, 내장금란초. 천마산에 없어야 정상인 꽃들이다. 중부 이남이라면 어디에서나 잡초처럼 자라겠지만 경기 북부에서는 황금보다 귀하기 때문이다. 그런데 이곳 묵현리 쪽 약수터 부근 무덤가엔 지금도 매년 금창초와 내장금란초가 함께 피어난다.

무덤 뗏장에 씨앗이 묻어와 정착했을까? 설마 일부러 심은 것은 아니겠지? 다행인지, 불행인지, 등산로를 조금 벗어난 곳이라 천마산에 이 두 꽃이 살고 있다는 사실을 아는 사람은 거의 없다.

두 꽃은 생김새가 똑같고 색깔만 다르다. 금창초는 보라색, 내장금란초는 분홍색.

금창초 꽃이 진한 보라색이다. ^{위 왼쪽}
내장금란초 꽃이 짙은 분홍빛이다. ^{위 오른쪽}
조개나물 꽃은 금창초와 똑같이 생겼으나 키가 크고 흰털이 온몸을 덮고 있다. ^{아래 왼쪽}
아주가 조개나물과 닮았다. 다만 털이 적고 관상용이므로 화단에서 볼 수 있다. ^{아래 오른쪽}

언제나 그 자리에: 옥잠난초

전국 각지
직골, 천마산계곡

구슬 옥玉, 비녀 잠簪. 옥으로 만든 비녀라는 뜻이지만 옥잠으로 만든 꽃은 "옥잠화"라고 따로 있다. 옥잠난초는 옥잠화의 잎을 닮았다 하여 붙은 이름이다. 실제로 옥잠난초는 꽃이 화려한 옥잠화하고는 거리가 멀다. 묘한 생김새의 연두색 꽃도 사람들의 눈길을 끌기 어렵다. 그저 깊은 숲, 그늘진 곳에 아무도 봐주는 사람 없어도 혼자 또는 삼삼오오 모여 조용히 살아갈 뿐.

난초과 중에는 비교적 흔하다지만 천마산에서는 개체수가 절대적으로 적은 데다 주로 등산로를 벗어난 음지에서 자라는 탓에 쉽게 만날 수가 없다. 나리난초속의 꽃들이 대개 모습이 비슷해 구분이 쉽지 않지만 천마산에는 옥잠난초만 산다.

다년생 식물이라 항상 그 자리에서 볼 수 있다. 직골, 천마산계곡 외에 임도에도 꽤 큰 군락지가 있었으나 최근 확인 결과 아쉽게도 휴양림 개발로 훼손되었다.

옥잠난초 연두색 꽃 모양이 이색적이다. 직골에서는 등산로를 벗어나 있기에 만나기 어렵다.

163

나리난초 전체적으로 비슷하며 꽃과 잎 모양이 조금 다르다.(이영선) ^위
나나벌이난초 역시 비슷하나, 둘 다 만나기는 어렵다.(이영선) ^{아래}

얼마나 맵고 아리기에: 으아리

전국 각지
천마산 전역

　독성이 있어 먹으면 맵고 "아리다." 그래서 이름도 으아리. 양지를 좋아해 주로 능선길, 임도, 무덤가 등에 많으며 덩굴성이라 다른 식물들을 둘둘 감고 있다. 순백의 꽃잎이 매혹적인 꽃. 맑은 날 역광으로 보면 더욱 아름답다.

　참으아리, 외대으아리 등 가족들은 외양 차이가 거의 없다. 사위질빵, 할미밀망과도 비슷하지만 꽃술이 더 짧고 잎에 톱니가 없이 매끄러워 쉽게 구분할 수 있다.

　무엇보다 사위질빵, 할미밀망과 반드시 구분해야 하는 이유가 하나 있다. 사위질빵은 줄기가 약해 짐을 많이 싸지 못하기에 사위를 걱정하는 장모님의 마음이 담겨 있다지만, 자칫 착각해 으아리로 짐을 싸게 했다가는 사위가 죽을 고생을 할 수도 있다. 으아리는 아무리 당겨도 끊어지지 않을 정도로 줄기가 질기다.

으아리 꽃은 사위질빵과 비슷하나 잎이 갈라지지 않았다.

살아서도 노루발, 죽어서도 노루발: 노루발

전국 각지
천마산 전역

꽃대를 따라 작은 꽃들이 이삭처럼 열리는데 특이하게도 꽃이 진 후에도 외형을 그대로 유지한다. 잎 역시 사계절 내내 초록색으로 남아 있는 터라 언제든 존재를 확인할 수 있다. 천마산 전역에서 볼 수 있으나 키가 25센티미터 정도로 작고 군락이 크지 않아 쉽게 눈에 띄지는 않는다. 때문에 녹음이 짙지 않을 때 눈여겨두었다가 꽃이 필 때쯤 찾아가는 것도 좋은 방법이겠다.

비슷한 꽃, 매화노루발은 노루발과 달리 잎이 허리에 붙어 있고 꽃이 1~2개로 수가 적다. 아쉽게도 중부 이남에 살기에 천마산에서는 볼 수가 없다.

내가 산과 야생화를 좋아한다 하나 하는 일이 바쁘고 또 운전을 하지 못하는 탓에 우리나라 산천에는 여전히 보지 못한 꽃이 적지 않다. 그중에서도 아쉬운 꽃이 바로 매화노루발과 망태버섯, 땅나리다. 노루발과 노랑망태버섯, 털중나리들은 이곳에도 있으니 언제든 만날 수 있지만, 저 멀리 남녘에서 사는 꽃들인데다 때를 맞추기가 쉽지 않았던 탓이다. 그래도 만날 꽃은 만나게 마련, 언젠가 우연히 눈을 맞출 기회가 있으리라 믿어본다.

노루발 꽃 모양이 독특해 쉽게 구분할 수 있다. 잎이 바닥에 붙어 있다. _{왼쪽}
매화노루발 잎이 매화를 닮았다 하여 매화노루발이다. 꽃의 수가 적으며 잎이 줄기 중간에 달렸다. (곽창근) _{오른쪽}

쓰디 쓴 인삼차 한 잔: 고삼

전국
천마산계곡, 천마산임도, 직골, 정상 능선길

어느 TV 예능 프로그램에서 쓰디 쓴 고삼차를 소개한 덕에 더 유명해진 꽃이다. 사실 쓸 고^苦, 인삼 삼^蔘보다는 도둑놈의지팡이라는 우리 이름이 더 정겹다. 뿌리가 지팡이처럼 굽어 붙은 이름이란다.

1미터 정도의 큰 키에 콩과 특유의 연노랑색 꽃이 가지 끝에 줄줄이 핀다. 주로 산기슭 양지바른 풀밭에 핀다.

고삼 꽃대 끝에 콩과 특유의 꽃이 주르르 매달려 있다.

해외에서 더 인기가 많은 꽃: 노루오줌

전국 산지
천마산 전역

뿌리에서 노루오줌 냄새가 난다 하여 노루오줌이다. 애꿎은 이름 때문인지, 아니면 어렵지 않게 만날 수 있어서인지 우리나라에선 인기가 별로지만 서양에서는 아스틸베라는 이름으로 다양한 색의 꽃을 개발하여 원예화로 키우며, 그 일부는 우리나라에도 들어와 있다.

30~60센티미터 정도의 키에 분홍색 꽃이 피며, 주로 산기슭 반그늘에서 자란다. 키가 크고 꽃이 밝아 쉽게 눈에 띈다. 줄기가 굽은 종류를 숙은노루오줌이라 부르나 형태가 비슷하고 구분이 애매해 다루지 않기로 한다.

그러고 보면 우리 야생화 이름 중엔 이런 식의 억울한 이름이 많다. 요강나물, 개불알꽃, 도둑놈의지팡이, 며느리밑씻개, 쥐오줌풀, 송장풀, 개망초…… 식물 입장에서야 억울할지 몰라도 이런 이름들이 더 정겨운 건 심술 때문일까?

노루오줌 주로 연분홍색 꽃이 피나 변이가 심해 흰색도 자주 보인다.

아리송해: 천마산의 산형과 들꽃

전국 산지
천마산 전역

산형과는 어렵다. 어려워도 너무 어렵다. 꽃과 잎이 비슷비슷하게 생긴 데다 미미한 차이로 이름이 다시 세분되기 때문이다. 예를 들어, 사상자만 해도 사상자, 개사상자, 긴사상자, 벌사상자 등으로 나뉘는데, 국내에만 이런 저런 산형과들이 90종이 넘는다지 않는가. 그 바람에 지리강활(개당귀)을 당귀로 잘못 알고 먹다가 죽는 사고가 나기도 했다.

그래서 꽃을 좋아하는 사람들도 산형과만은 쉽게 다가서지 못하는데 사실 나도 별로 다르지 않다. 아무리 들여다봐도 쉽게 눈에 익지 않으니…….

천마산에서는 사상자, 기름나물, 어수리, 참나물, 궁궁이 등을 볼 수 있으나 여기서는 깊이 다루지는 않기로 한다. 꽃잎이 상대적으로 큰 어수리 등 그나마 식별이 용이한 개체부터 조금씩 눈에 익히도록 하자.

궁궁이 주로 산골짜기 냇가에 자란다. 신감채, 전호 등과 잎 모양이 비슷하다(심미영). ^{위 왼쪽}
기름나물 산지 햇볕이 잘 드는 곳에서 자란다. 꽃 모양이 특이해 자세히 보면 구분이 가능하다. ^{위 오른쪽}
신감채 천마산에서는 묵현리 쪽 능선에 무리지어 산다. ^{가운데 오른쪽}
어수리 꽃잎이 넓고 특이해 산형과 중에서 제일 구분이 쉽다. 가장자리 꽃이 가운데보다 크다. ^{아래 왼쪽}
사상자 꽃을 자세히 보면 어수리처럼 꽃잎의 크기가 다르다. 전호와 비슷하다(이영선). ^{아래 오른쪽}

노란 별들이 가득: 기린초

전국 산지
천마산 전역

   내게는 큰까치수염과 함께 여름 꽃의 절정을 알리는 대표적인 들꽃이다. 이 꽃들이 피는 순간부터 천마산은 온갖 여름, 가을꽃들이 올해의 막바지를 향해 일제히 꽃을 피우기 시작할 것이다.

   봄철 나물로 먹는 돌나물과 꽃 모양은 비슷하지만 좀 더 색이 진하고 화려하다. 꽃송이들이 모여 있을 때도 예쁘지만, 꽃 하나를 자세히 들여다보면, 촘촘히 박힌 노란 꽃술에 정신을 빼앗기고 만다. 이름은 기린초이나 키는 작은 편에 속하며, 생명력이 강해 양지바른 땅이나 바위 틈새에서 어렵지 않게 볼 수 있다. 꽃말이 "소녀의 사랑" 이다. 아마도 가장 가슴 설레는 꽃말이 아닐까 싶다.

기린초 바위채송화, 돌나물, 말똥가리보다 잎이 넓다. ^위
바위채송화 꽃은 비슷하나 잎이 채송화를 닮았다. ^{아래 왼쪽}
돌나물 초봄에 나물로 먹으며 바닥을 기며 자란다. ^{아래 오른쪽}

전설처럼 슬퍼 보이는 꽃: 동자꽃

제주도를 제외한 전국 산지
천마산 전역

　오세암의 스님이 폭설 중에 저자에 내려갔다가 돌아오지 못하자, 기다리다 기다리다 그 자리에 얼어 죽은 동자승. 그리고 이듬해 그의 무덤에 피어난 붉은 꽃 한 송이. 동자꽃의 이름은 전설을 그대로 가져왔다. 그래서 꽃말도 "기다림"이다. 무리를 짓지 않고 한두 송이 숲 그늘 속에 외롭게 피는 탓에 전설만큼이나 슬퍼 보인다.

　천마산은 분포가 넓기도 하지만, 주홍색 꽃 때문에라도 등산객들의 시선을 끌 수밖에 없다. 가족 중에는 짙은 주황색 꽃잎이 가늘게 찢긴 제비동자꽃이 유명하다. 다만 대관령 깊은 산속에서나 볼 수 있는 멸종위기 종이다.

동자꽃 어둠 속 주황색 꽃이 전설을 닮았다.

제비동자꽃 꽃잎이 갈래갈래 찢겼다. 동자꽃보다 색이 진하다.

훨훨 날아가리: 나비나물/광릉갈퀴

전국 산지
천마산 전역

나비나물은 한 쌍의 잎이 정말 나비처럼 훨훨 날갯짓할 것만 같다. 전국 각지에서 흔히 볼 수 있으며 천마산 어디에나 있지만 정작 상태가 좋은 꽃을 만나기는 쉽지 않다.

광릉갈퀴는 나비나물과 비슷한데 잎이 한 쌍이 아니라 3~7쌍이다.

나비나물 가족도 복잡하다. 광릉갈퀴 외에 갈퀴나물, 등갈퀴나물, 나래완두 등이 있지만, 갈퀴나물은 꽃이 무더기로 피고, 나래나물은 꽃이 미색에 가까우며, 천마산에서는 볼 수 없다.

나비나물 잎이 나비 날개처럼 둘이다.

광릉갈퀴 잎이 여럿이다.

한 송이로도 온산을 밝히리: 원추리

전국 산지
천마산 전역

오래 전 덕유산 종주를 할 때 능선 옆으로 융단처럼 피어난 원추리 군락을 보았다. 찌는 듯한 더위를 식혀주기에도 충분할 만큼 시원하게 펼쳐진 낙원. 아주 아주 오래 전이건만 그 기억은 쉽게 지워지지 않는다. 그래서일까? 원추리를 볼 때마다 남다른 감동이 이는 것도?

아무래도 천마산에서는 이맘 때 눈에 가장 잘 띄는 꽃이리라. 능선을 오를 때도, 임도를 걸을 때도 먼 곳에서부터 가장 먼저 시야에 걸린다. 양지를 좋아하는 꽃이라 천마산임도, 정상 능선길에서 특히 자주 만날 수 있다. 산기슭 무덤가도 원추리가 좋아하는 놀이터다. 무리를 짓지 않지만 한 송이만으로도 산을 환히 밝히는 꽃.

원추리라 부르지만 천마산 원추리의 올바른 이름은 백운산원추리라 들었다. 제 이름을 불러주면 좋겠지만 그냥 불러도 무방할 듯.

원추리 무리를 짓지 않지만 꽃이 크고 화려해 쉽게 눈에 띈다.

원추리 위
왕원추리 원추리보다 꽃이 크고 주황색이다. 관상용으로 키운다. 아래

한 줌의 흙이라도 있으면: 금마타리

높은 산, 바위 틈, 한 줌의 흙에 간신히 뿌리를 내리고 꽃을 피운다.

그래서 더욱 애처로운 꽃들. 돌양지꽃, 바위채송화, 바위떡풀 등이 다 그렇다. 양분이 부족한 탓에 다른 여름 꽃과 달리 키도 아주 작다. 하긴 우리 눈에나 애처롭지, 이들에게는 그곳이 최적의 환경일 것이다. 우리 잣대로 타인을 규정하지 말아야 하건만 이렇게 늘 실수를 하고 만다.

우리나라의 마타리 가족은 모두 다섯 종류다. 마타리, 금마타리, 돌마타리, 뚝갈, 쥐오줌풀. 그중에서 우리나라에만 자라는 고유종은 금마타리가 유일하다.

마타리에는 흥미로운 얘기도 따라붙는데, 바로 손만 대면 모든 게 황금으로 변하는 미다스 왕의 전설이다. 딸을 황금으로 만들어놓고 신께 제발 딸을 돌려달라고 애원하자 신이 딸 대신 보내 준 꽃이 바로 마타리 꽃이었다. 다른 전설과 달리, 우리에게 익숙한 얘기라 꽃도 더욱 정겹다.

귀한 꽃은 아니나 높은 곳에 살기에 만나기는 의외로 쉽지 않다. 천마산에서도 정상 부근에서나 이따금 눈을 마주할 수 있다.

금마타리 다섯 개 꽃잎의 작은 황금색 꽃이 옹기종기 모여 있다.

땡그렁 땡그렁 종소리: 초롱꽃

옛날 밤길을 밝히는 초롱을 닮았다 해서 초롱꽃이다. 밝은 날이면 정말로 꽃 안에 등잔불을 피워놓은 듯 환하다. 꽃은 또 종을 닮기도 했다. 시원시원하게 커다란 종. 은방울꽃이 딸랑딸랑 손종이라면, 초롱꽃에서는 시골학교 처마에 매달린 종소리를 낼 것만 같다. 땡그렁 땡그렁, 크고 시원한 울림 같은.

그래서인지 전설도 대부분 종과 관련이 있다. 평생 종지기로 살던 노인이 악덕 원님을 맞아 종을 치지 못하게 되자 종루에서 떨어져 죽고, 그의 무덤에서 초롱꽃이 피었다는 얘기. 꽃의 전설은 신기하게 이렇듯 대부분 죽음과 관계가 있다.

천마산 전역이라지만 큰까치수염, 기린초 등과 달리 군락생활을 하지 않고 개체수도 많지 않은 데다 꽃 색도 미색이라 자칫 그냥 지나치기가 쉽다. 잔대, 모시대와 모양이 비슷하나 꽃이 더 크고 색도 다르다. 요즘은 화단에서 관상용으로도 많이 키우는데 역시 관상용의 섬초롱꽃과 구분할 필요가 있다.

초롱꽃과의 최고 미모는 단연 금강초롱꽃이다. 우리나라 고유종이라 더욱 정이 가는 꽃이지만 아쉽게도 천마산에서는 만날 수 없다. 금강초롱꽃을 보려면 화악산을 추천한다. 어느 산보다도 색이 짙고 아름답다.

초롱꽃 미색의 커다란 종이 매달려 있다. ^위
섬초롱꽃 꽃 안의 붉은 점이 매혹적이다. 초롱꽃보다 색이 짙다. (이영선) ^{아래}

금강초롱꽃 초롱꽃과에서 가장 아름답다. 우리나라 고유종이다.

흔한 듯 흔하지 않게: 큰뱀무

전국 산지
천마산 전역

뱀이 잘 다니는 길에 피며 잎이 무 잎을 닮았다 하여 붙은 이름이다. 천마산 산기슭, 임도를 중심으로 어디에서나 쉽게 만날 수 있지만 관상용으로 키울 정도로 꽃이 예쁘다. 흔하다는 이유로 대접받지 못하는 서러운 꽃.

큰뱀무에 비해 뱀무는 무척 귀하다. 몇 가지 구분점은 있으나 상대적으로 복잡하므로 이 책에서는 다루지 않는다.

큰뱀무 크고 노란 꽃이 한 송이씩 피어 있다. 꽃술이 매혹적.

7월

장마철에 널어놓은 노란 장화: 활량나물

전국 산지
천마산 전역

여름이면 천마산 어디에서나 콩과 식물을 볼 수 있다. 나비나물, 광릉갈퀴, 새콩, 갈퀴나물 등 초본에서, 땅비싸리, 조록싸리 등 목본까지. 그중 누가 뭐래도 활량나물의 미모가 가장 수려하다. 등산길 따라 마치 노란 장화가 널린 듯, 귀여운 꽃을 보면 나도 모르게 고개를 돌리고 셔터를 누르게 된다.

꽃말도 "요정의 장화"란다. 도대체 어느 요정들이 저렇게 예쁜 장화를 벗어놓고 갔을까?

활량나물 장마철 즈음에 피기에 노란 꽃이 늘 장마를 떠올리게 한다.

넌 뭘 먹고 사니? 돌양지꽃

전국 각지
정상 능선길, 천마산임도

돌양지꽃을 볼 때마다 신기하다. 어떻게 저렇게 습기라고는 하나도 없는 돌 틈에서 살 수 있을까? 뭘 먹고 살지? 답은 밤이슬과 안개다. 요정처럼 이슬과 안개를 먹고 저렇게 예쁜 꽃을 피운다는 얘기다. 세상에!

자신은 저렇게 척박한 환경에 고생하면서 정작 꽃말은 "행복의 약속"이다. 요정이 맞다. 착한 요정.

이맘 때 천마산 임도길을 걷다보면 물을 좋아하는 물양지꽃을 간간히 볼 수 있는데, 같은 양지꽃이라도 성격이 완전히 반대인 경우다. 양지꽃은 초봄 무덤가에서 봄이 왔음을 알리지만 똑같이 생긴 돌양지꽃은 한여름이나 되어야 꽃을 피운다. 천마산에는 이밖에도 물양지꽃, 민눈양지꽃, 세잎양지꽃이 살고 있다.

양지꽃 종류는 꽃만으로 구분이 쉽지 않다. 딱지꽃, 뱀딸기, 개소시랑개비, 가락지나물 등도 꽃이 똑같거나 흡사하기 때문이다.

돌양지꽃 양지꽃 중에서는 유일하게 바위에 붙어 산다.

물양지꽃 외양이 전체적으로 비슷하나 습한 곳에 산다. 위
뱀딸기 꽃받침이 이중으로 되어 있다. 아래 왼쪽
개소시랑개비 꽃은 뱀딸기와 비슷하며 잎이 쇠스랑을 닮았다 하여 이름이 붙었다. 아래 오른쪽

이끼를 사랑하는 꽃: 바위채송화

전국 산지
정상 능선길, 천마산임도

바위에 붙어 자라는 식물은 대체로 선인장처럼 잎이 도톰하다. 물을 저장하기 위해서인데 그렇게 육질이 풍부한 식물을 우리는 다육식물이라고 부른다. 바위채송화도 다육식물이다. 고산의 습한 바위를 좋아해 늘 이끼와 함께 사는 것처럼 보인다.

잎이 채송화를 닮았다 하여 바위채송화. 노란 꽃이 별처럼 눈부시지만 실제로도 보석이 변해 꽃이 되었다는 전설도 있다. 전국 산지에 산다고 하나 고산식물이라 임도 높은 곳이나 천마산 정상 부근에나 가야 드물게 만날 수 있다.

꽃이 비슷한 꽃들이 있다. 바위채송화는 기린초, 돌나물, 말똥비름, 땅채송화 등이 모두 비슷하다.

바위채송화 돌나물과 비슷하나, 여름 높은 산 바위에 산다.

190

땅채송화 잎이 짧고 촘촘하다.(곽창근)

소박하고 털털한 산발머리 우리 꽃: 등골나물

전국 산지와 들
천마산 전역

천마산 어디에서나 흔히 볼 수 있는 풀이다. 전체적으로 수수한 모습이며 빗지 않은 머리처럼 꽃이 헝클어져 있다. 70~150센티미터까지 큰 편이다.

잎이 갈라지는 정도에 따라 등골나물, 골등골나물, 벌등골나물로 구분하기도 하나, 큰 의미는 없다. 다만 서양등골나물은 꽃 모양도 다르고(순백의 꽃이 무척 가지런하다) 개화도 조금 늦은 데다, 생태교란 종이므로 알아둘 필요가 있겠다. 등골나물은 특히 임도에 많다.

등골나물 흰 꽃이 산발머리처럼 어지럽다. ^위
서양등골나물 등골나물과 달리 꽃이 가지런하다. 유해식물이다. ^{아래}

108번뇌를 풀어내는 꽃: 타래난초

전국 산지, 무덤가
천마산임도, 천마산계곡

이승의 자식이 마음에 걸려 저승으로 가지 못한 채 108번뇌를 한 타래 한 타래 꼬아가며 자식의 복을 빌어주는 꽃이다. 꽃 하나에 30~40개의 번뇌가 매달려 있으니 108번뇌를 이루기까지 3~4년, 그렇게 번뇌를 모두 달래고 나면 망자는 홀연히 저승으로 떠나고 타래난초도 비로소 고된 삶을 마친다. 타래난초의 전설이다. 전설을 들으니 타래난초가 왜 그렇게 무덤을 좋아하는지 이유를 알 것도 같다.

꽃은 보면 볼수록 귀엽고 앙증맞다. 주로 무덤가를 좋아하고 천마산임도, 천마산계곡을 걷다보면 이따금 눈에 띄나, 난초답게 쉬운 꽃은 아니다.

타래난초 작고 앙증맞은 꽃이 타래처럼 꽃대를 돌아가며 피어 있다.

여리고 가는 다리: 가는장구채

전국 산지
천마산 전역

동자의 웃음. 꽃말처럼 환한 꽃이다. 그늘진 산길을 터벅터벅 걷다 보면 위로라도 하듯 환하게 웃는다. 순백의 꽃이라 어둠속에서 마치 환한 별무리처럼 보인다.

꽃봉오리가 장구채를 닮아 장구채라지만, 내가 보기에 오히려 장구채 식구들의 특징은 꽃에 있다. 다섯 개의 꽃잎이 모두 깊이 패어 마치 열 개처럼 보이기 때문이다.(양장구채 제외) 가는장구채는 다른 장구채보다 줄기가 가늘고 꽃의 크기가 크다.

장구채 가족도 복잡하다. 장구채, 양장구채, 갯장구채, 오랑캐장구채, 가는다리장구채, 분홍장구채 등등. 다만 기본 장구채, 고산 정상에 사는 가는다리장구채, 멸종위기 종인 분홍장구채의 이름 정도는 기억해두기로 하자.

가는장구채 그늘을 좋아해 마치 밤하늘 별들이 떠 있는 듯하다.

장구채 가장 기본적인 형태로 천마산에는 임도에 많이 있다. ^{위 왼쪽}
가는다리장구채 강원도 고산에 사는 희귀식물이며 꽃술이 길게 나와 있다. ^{위 오른쪽}
분홍장구채 경기, 강원 일부의 가파른 벼랑에 살며 멸종위기 종이다.(곽창근) ^{아래}

바람개비 돌다: 물레나물

전국 산지
천마산 전역

물레를 잘 타고 마을에서 인기도 많은 문례,

그런 문례를 질투한 점례,

질투에 눈이 먼 점례가, 결혼을 앞둔 문례를 앞산 벼랑에서 밀어 죽인 후, 그곳에 물레를 닮은 꽃이 피어났다. 물레나물의 전설이다.

꽃이 바람개비처럼 생겼다. 이름 또한 꽃이 물레바퀴처럼 한쪽 방향으로 틀어진 데서 유래했다고 한다. 군락생활은 하지 않으나 천마산 여기 저기 드물지 않게 나타나며 꽃이 크고(4~6센티미터) 밝아 쉽게 눈에 띈다.

특히 꽃술이 예뻐 들여다볼수록 빠져든다.

물레나물 노란색 꽃이 크고 시원하다.

학교 종이 땡땡땡: 종덩굴

중부 이북
고매골, 천마산계곡

은방울꽃, 초롱꽃 등이 화려한 은종이라면 종덩굴의 꽃은 검은 빛의 투박한 쇠종을 닮았다. 천마산에서야 특별히 귀한 꽃이기도 하지만, 비교적 계곡 아래에 자리해 있으면서도 쉽게 눈에 띄지 않는 이유는 꽃의 어두운 빛깔 때문일 것이다.

설악산 능선에서 요강나물을 본 적이 있다. 꽃이 비슷해 한참을 바라보았지만 요강나물은 덩굴식물도 아니고 외관으로도 크게 다른 종이다. 오히려 꽃이 진 후의 으아리와 구분하기가 더 어려울 것이다.

천마산 계곡을 오르다 종덩굴을 만나면 여러분은 행운아다.

종덩굴 종에서 윤이 난다. 덩굴성이라 다른 나무를 감고 있다. ^위
요강나물 고산에 살며 꽃이 검은 털로 덮여있다. ^{아래}

작은 꽃봉오리가 다닥다닥: 좁쌀풀/참좁쌀풀

전국 산지
천마산 전역/직골

좁쌀풀이라지만 꽃이 그다지 작지 않다. 정확하지는 않아도 노란 꽃망울이 좁쌀을 닮아 붙은 이름이라는 쪽이 설득력이 있다. 좁쌀풀은 전국 어디에서나 쉽게 만날 수 있다. 다만 천마산에서는 개체수가 많지 않은 편이며 주로 능선길, 임도에서 간간히 보인다.

참좁쌀풀은 좁쌀풀보다 조금 더 정돈되고 안정된 느낌이다. 꽃 안쪽에 붉은 무늬가 있으며 꽃잎 끝이 뾰족해 좁쌀풀과는 쉽게 구분할 수 있다.

참좁쌀풀은 꽤나 귀하다. 우리나라 고유종이고 희귀식물군에 속하는 데다 자생지도 중북부 이북으로 제한되어 있다. 천마산에서는 관리소 쪽 약수터 부근 그리고 건너편 송라산 등산로 입구에서 만날 수 있었다.

좁쌀풀 참좁쌀풀에 비해 꽃이 작고 성긴 느낌이다. 왼쪽
참좁쌀풀 꽃 가운데 빨간 무늬가 인상적이다. 오른쪽

전설이 아름다운 우리 꽃: 쑥부쟁이

전국 산지
천마산 전역

옛날 어느 마을에 가난한 대장장이가 살았다. 대장장이에게는 아들딸이 11명이나 되었기에 아무리 열심히 일해도 먹고 살기가 여의치 않았다. 그래서 맏딸은 동생들을 먹이기 위해 항상 들에 나가 쑥을 캐고 사람들은 "쑥 캐는 불쟁이의 딸" 즉 쑥부쟁이라고 부르기 시작했다.

어느 가을, 쑥부쟁이가 나물을 캐러 갔다가 사냥꾼에게 쫓기는 노루를 만나 풀숲에 숨겨주었다. 하산 중에는 함정에 빠진 사냥꾼을 발견하고 그 역시 구해주었다.

사냥꾼은 쑥부쟁이에게 "서울 사는 박 재상의 아들"이라고 소개한 뒤 내년 가을에 꼭 다시 와서 데려가겠다고 약속하고 떠났다. 그때부터 쑥부쟁이는 사냥꾼을 기다렸다. 하지만 가을이 몇 번 지나도록 사냥꾼은 나타나지 않고 어머니마저 병이 들어 자리에 눕고 말았다.

쑥부쟁이가 산에 올라가 산신령에게 기도를 올리는데, 옛날에 구해준 노루가 나타나 보라색 주머니를 건네주고 떠났다. 그 안에는 소원을 들어주는 노란 구슬 3개가 담겨 있었다.

쑥부쟁이는 구슬 하나를 꺼내 어머니 병을 낫게 해달라고 빌고, 두 번째 구슬은 사냥꾼을 만나게 해달라고 빌었다. 그렇게 해서 마침내 사냥꾼이 나타났다. 하지만 사냥꾼은 이미 결혼한 몸이라 쑥부쟁이는 마지막 구슬을 이용해 사냥꾼을 집으로 돌려보냈다.

쑥부쟁이는 사냥꾼을 잊지 못해 시집도 안가고 혼자 동생들을 돌보다가, 어느 해 봄 쑥을 캐러 갔다가 절벽 아래로 떨어져 그만 세상을 떠나고 말았다.

쑥부쟁이 꽃받침이 가지런하다.

개쑥부쟁이 쑥부쟁이와 달리 꽃받침이 단정하지 못하고 거칠다. ^위

개미취 꽃이 단정치 못하고 위로 말리는 경향이 있다. 키가 1미터 이상 크다. ^{아래 왼쪽}

벌개미취 주로 화단에서 보이며, 잎이 크고 우람하다. ^{아래 오른쪽}

그 이후 산과 들에 나물이 많이 자라기 시작했는데, 사람들은 쑥부쟁이가 동생들이 굶주리지 않도록 꽃으로 환생했다고 입을 모았다. 보랏빛 꽃잎은 쑥부쟁이가 차고 다니던 구슬주머니며 꽃술은 주머니속의 구슬이다. 그리고 긴 꽃대는 쑥부쟁이의 오랜 기다림을 뜻한다고 여겨 그 꽃을 쑥부쟁이라고 부르기 시작했다.

쑥부쟁이의 전설을 자세하게 인용했다. 우리 들꽃의 전설이라면 이런 식의 구조가 가장 전형적인 예일 것이다. 억울하거나 안타까운 삶, 고통 그리고 죽음과 꽃으로의 환생. 얼마나 한이 많은 민족이기에 들꽃마저 이렇듯 한으로 풀어내는 걸까? 동자꽃, 물레나물 등 우리 야생화들이 늘 애잔하고 애처로운 까닭도 그 한 때문일지도 모르겠다.

가을은 들국화의 계절이다. 하지만 들국화는 꽃 이름이 아니라 가을 국화를 일컫는 통칭이다. 그러니까 구절초, 쑥부쟁이, 감국, 산국, 해국 등이 모두 들국화다. 들국화 중에서도 우리와 가장 가까운 꽃이 쑥부쟁이 종류일 것이다. 쑥부쟁이, 개쑥부쟁이, 개미취, 벌개미취, 까실쑥부쟁이…… 그중 천마산에 자생하는 쑥부쟁이, 개쑥부쟁이, 까실쑥부쟁이 정도는 구분하도록 하자. 벌개미취는 이미 원예화가 되어 자연 상태에서는 볼 수 없다.

천마 없는 천마산은 슬프지 않나요?: 천마

전국 산지
단풍골

다년생 기생식물. 삼지구엽초, 가지더부살이와 마찬가지로 몸에 좋다는 이유 때문에 남획되는 대표적인 식물이다. 그래서일까? 다년생임에도 불구하고 3년 전 단풍골에서 두어 개체를 만난 이후 천마산에서는 더 이상 보지 못했다.

모양이 특별해 늘 기다리는 꽃이건만.

이러다가 천마 없는 천마산이 되는 게 아닐까?

들꽃은 눈으로 감상하고 사진으로만 담아가기.

천마 기이하게 생긴 꽃이 꽃대를 돌아가며 피어 있다.

날 버리고 가지 마세요: 짚신나물

전국 산지
천마산 전역

열매가 짚신에 잘 달라붙는다 하여 짚신나물이다. 8월 중순 이후, 산에서 내려오면 바짓단을 따라 작은 녹색 열매들이 여기 저기 붙어 있는데 대개가 짚신나물의 열매다. 얼마나 섧기에 이렇듯 바짓단을 붙들고 늘어지는지.

과거시험 보러 가는 길, 함께 가던 친구가 피를 흘리며 쓰러졌을 때 두루미가 물어다 준 풀을 먹고 나았다는 고사에서 따와 한약방에서는 "선학초"라고도 부른다. 약효로도 유명한 모양이지만 우리가 가져올 건 바짓단의 열매뿐이다.

산짚신나물은 짚신나물보다 꽃이 성기게 달렸으며 잎이 좀 더 크고 둥그렇다. 고산식물이라 흔한 짚신나물과 달리, 천마산계곡 위쪽에 올라가야 간간히 만날 수 있으나 초보 단계에서는 그냥 짚신나물로 불러도 무방하다.

짚신나물 작은 양지꽃 같은 꽃이 꽃대 끝에 모여 핀다.

양산 같이 생긴 꽃: 마타리

전국 산과 들
천마산 전역

소녀 "이게 들국화, 이게 싸리꽃, 이게 도라지꽃.

　　　도라지꽃이 이렇게 예쁜 줄은 몰랐네. 난 보랏빛이 좋아.

　　　근데 이 양산같이 생긴 노란 꽃은 뭐지?"

소년 "마타리꽃."

소녀는 마타리꽃을 양산 받듯이 해보았다. 약간 상기된 얼굴에 보조개를 보이며……

_ 황순원의 「소나기」 중

　마타하리가 아니라 마타리다. 말 다리처럼 쭉 뻗었다고 마타리라 했으니 우리나라 토종 이름이 분명하다. 천마산임도를 비롯해 양지바른 곳이면 어디에서나 쉽게 볼 수 있다. 마타리과 중에서는 키도 가장 커 2미터에 육박하기도 한다. 다섯 개의 작고 예쁜 꽃잎은 쥐오줌풀, 뚝갈, 금마타리 등 마타리과의 특징이니 다시 한 번 봐두기로 하자.

　그런데…… 소년은 "들국화"라는 꽃이 실제로 없다는 사실을 알았을까?

마타리 금마타리가 10~20센티미터인데 반해 마타리는 1미터를 훌쩍 넘긴다.

이 세상 며느리들을 위해: 꽃며느리밥풀/새며느리밥풀

전국 산지
천마산 전역/정상 능선길

밥이 잘 됐는지 보려고 밥풀 두 개를 입에 물었다가 못된 시어머니에게 걸려 맞아 죽었다는 며느리의 한이 서린 꽃이다. 빨간 꽃잎에 맺힌 하얀 무늬가 딱 밥풀로 보인다. 하긴, 며느리가 대변을 보고 뒤처리 할 때 고생하라고 시어머니가 저주했다는 며느리밑씻개에 비하면 그나마 낫다고 해야 할까? 이현세의 만화 제목으로 잘 알려진 꽃이지만 사실 정확한 이름은 며느리밥풀꽃이 아니라 꽃며느리밥풀이다. 종종 누군가의 실수나 오해 덕분에 식물 이름이 잘못 알려지는데, 아까시나무가 아카시아나무로, 민들레 갓털이 홀씨로 잘못 알려진 것과 같다. 들꽃은 되도록 올바른 이름으로 불러주자.

꽃며느리밥풀은 천마산 양지바른 곳 어디에나 있지만 새며느리밥풀은 정상에나 올라가야 작은 군락을 만날 수 있다.

꽃며느리밥풀 꽃 속에 작은 밥풀 같은 흰 무늬가 두 개씩 들어 있다.

새며느리밥풀 잎이 길고 가늘며 꽃잎 주변으로 붉은 털이 어지럽다.

천마산 꿩의다리: 산꿩의다리/
큰꿩의다리/자주꿩의다리/꿩의다리

전국 산지
천마산 전역/정상 능선길/정상 능선길/단풍골

꿩처럼 다리가 가늘다 해서 꿩의다리. 천마산에서 볼 수 있는 꿩의다리 가족은 모두 네 종류다.

산꿩의다리는 계곡과 반그늘 어디에서나 쉽게 만날 수 있으며 희고 통통한 수술대가 특징이다. 아홉 개의 잎이 삼지구엽초와 비슷해 종종 오해받기도 한다.

자주꿩의다리는 산꿩의다리처럼 수술대가 통통하고 잎도 비슷하나, 꽃에 자줏빛이 강하다. 꽃이 전체적으로 작고 산꿩의다리와 달리 양지바른 곳 바위틈을 좋아한다. 천마산에서는 정상에서 호평으로 내려가는 계단길 주변에서 만날 수 있다.

큰꿩의다리는 연노랑색이라 구분이 수월하며 묵현리 방향 양지바른 능선길에서 드물게 볼 수 있다.

꿩의다리는 반그늘을 좋아하고 천마산에서는 가장 보기가 어렵다. 산꿩의다리, 자주꿩의다리와 달리 수술대가 홀쭉하다. 천마산에서는 계곡 주변과 단풍골길에서 한두 개체 마주친 바 있다.

꿩의다리 가족은 그밖에도 종류가 많으나, 금꿩의다리 정도는 구분해두자.

산꿩의다리 천마산에서 가장 쉽게 볼 수 있다. 꽃술이 통통한 것이 특징 위 왼쪽

꿩의다리 꽃술이 가늘고 꽃은 순백의 흰색이다. 위 오른쪽

금꿩의다리 꿩의다리 가족 중 가장 화려한 외모를 자랑한다. 천마산에는 없으나 이웃 축령산 계곡에서 볼 수 있다. 가운데

자주꿩의다리 바위틈에서 자라 키가 작다. 산꿩의다리처럼 꽃술이 통통하다. 아래 왼쪽

은꿩의다리 꿩의다리와 비슷하나 꽃술에 붉은 빛이 돌고 끝이 하얗다. 천마산에서는 보지 못했다. 아래 가운데

큰꿩의다리 연노랑 꽃이 단정치 못한 느낌을 준다. 아래 오른쪽

풀이야 나무야?: 자주조희풀

 조희는 "종이"의 옛말이자 지방의 방언이다. 조희풀의 줄기를 한지의 원료로 썼다는 데서 비롯했다지만 여전히 추측일 뿐이다. 이름에 풀이 붙었으나 실제로는 나무다. 줄기가 튼튼하고 단단하지만 키가 1미터 내외로 작아 종종 풀꽃으로 오해받는다. 비슷한 가족으로 병조희풀이 있는데, 자주조희풀이 네 잎 꽃이 활짝 핀 모습이라면 병조희풀은 호로병처럼 잔뜩 오므린 모습이다.

 고산식물이라 어느 정도 높이 올라가야 간간이 만날 수 있다. 내 눈엔 병조희풀이 더 아기자기하고 예쁘지만 불행히 천마산에는 살지 않는다.

자주조희풀 자주색 꽃잎 네 개를 활짝 젖힌 모습이다. ^위
병조희풀 꽃이 호로병을 닮았다. 좀 더 고산에 올라가야 만날 수 있다. ^{아래}

꽃처럼 아름답게, 뱀처럼 섬뜩하게!: 참배암차즈기

일부 고산 지역
정상 능선길, 봄꽃 동산, 배랭이고개

천마산은 연일 땡볕이다.

이럴 때 뱀이라도 한 마리 나타나면 오싹하기라도 할까?

참배암차즈기는 이름처럼 정말로 뱀을 닮았다. 그것도 잔뜩 독이
오른 독사. 당장이라도 맹독을 뿜어 벌, 나비를 마비시킬 듯 기세도
대단하다. 처녀치마, 은방울꽃, 종덩굴 등 꽃의 외모를 이름으로 정한
꽃들이 많지만 참배암차즈기만큼 절묘한 이름도 없을 듯하다. 만날
때마다 뱀이라도 본 듯 섬뜩하니 말이다.

우리나라 토종 고산식물이다. 한때는 멸종위기 종으로 분류되었을
만큼 귀한 꽃이라 천마산에서 처음 만났을 때 정말로 기분이 좋았
다. 그러니까, 봐라, 천마산에 이렇게 귀한 꽃이 산다는 자부심?

참배암차즈기 노란색 꽃이 정말 독을 머금은 뱀처럼 생겼다.

묘지를 좋아하는
여름꽃

묘지, 무덤은 어느 곳보다 양지라 봄, 여름, 가을 늘 햇볕을 좋아하는 꽃들이 모여 산다. 봄에 할미꽃, 조개나물, 솜나물, 솜방망이 등이 한 바탕 놀고 간 후 5~6월이면 꿀풀, 붓꽃을 시작으로 씀바귀, 선씀바귀, 노랑선씀바귀, 으아리, 엉겅퀴, 미나리아재비, 산해박, 솔나물, 원추리, 타래난초, 오이풀, 새팥 등 들꽃들이 차례로 우리를 유혹한다.

묘지를 두려워 말라. 묘지는 꽃들의 지상낙원이다. 귀신은 나오지 않는다.

미나리아재비 왼쪽
씀바귀 오른쪽

꿀풀 위 왼쪽
오이풀 위 오른쪽
붓꽃 가운데
타래난초 아래 왼쪽
산해박 아래 오른쪽

8월

단 하루를 살아도 화려하게: 덩굴닭의장풀

전국 산지
천마산계곡, 직골, 천마산임도

닭장 근처에 많이 핀다고 해서 닭의장풀(달개비)이다. 대개 잡초로 알지만 사실 고산 정상에서도 심심치 않게 만나는 풀꽃이다. 그래서 여름날 산행을 하다보면 물봉선처럼 오랫동안 길동무가 되어주곤 한다.

덩굴닭의장풀은 같은 가족이지만 운명은 정반대다. 만나기도 어렵지만 꽃은 단 하루만 피고 지는 1일화다. 아침에 피어 다음날 아침이면 지는 꽃, 그래서 더 처연하고 아름답고 투명한 요정 같다. 그래서 꽃말도 "순간의 즐거움"인가 보다. 닭의장풀과 달리 식생을 많이 따지는 데다 1년생이라 서식지를 알고 찾아간다 해도 허탕 치기가 일쑤다.

천마산에는 묵현리쪽 약수터, 천마산계곡, 임도를 중심으로 간간히 피어 있다.

덩굴닭의장풀 덩굴 끝에 연노랑과 흰색의 요정 같은 꽃이 달려 있다. 왼쪽
닭의장풀 우리에게 잘 알려진 꽃이다. 주로 청색, 분홍색 계열이나 드물게 흰색도 보인다. 오른쪽

가까이 오지 마세요: 물봉선/노랑물봉선

전국 산지
천마산 전역

　손대면 톡 하고 터질 것만 같은 그대. 가수 현철의 「봉선화 연정」 첫 마디 가사가 그렇다. 너무도 민감해서 가까이 다가가기만 해도 열매 껍질이 터진다니! 그런 점에서는 물봉선도 다르지 않다.

　야생화에 눈 뜨던 시절, 물봉선의 생김새가 어쩌나 신기한지 희귀 야생화쯤 되는 줄 알았다. 아기공룡 같기도 하고 못생긴 생선을 닮은 듯도 싶고…… 지금이야 워낙에 개체수가 많고 또 오래 살아남는 꽃이라 관심이 덜하지만 독특한 외모만큼은 인정해줘야 한다.

　노랑물봉선은 꽃 색깔만 다르다고 생각하기 쉽지만 자세히 보면 외모도 차이가 있다. 물봉선 잎이 뾰족하고 짙다면 노랑물봉선은 끝이 동그랗고 색이 연하다. 무엇보다 물봉선은 잎 위로 꽃대를 내미는 반면 노랑물봉선은 잎 아래쪽에 꽃이 매달린다.

물봉선 붉은색, 흰색이 있다. 왼쪽
노랑물봉선 노란 꽃이 잎과 줄기 사이에서 나와 아래쪽으로 매달린다. 오른쪽

얘가 쟤 같고, 쟤가 얘 같고:
산박하/방아풀/오리방풀

전국 산지
천마산 전역

 꽃들이 아주 작고 비슷해서 자주 헷갈린다. 셋 다 꿀풀과 소속으로 천마산을 비롯해 전국 어느 산에서나 쉽게 볼 수 있다. 꽃이 작고 인기도 별로 없어, 이런 꽃도 알아야 하나? 싶겠지만, 그래도 산행길에 자주 보이니 눈 여겨 보면 도움이 될 것이다.

산박하 잎 끝에 거북꼬리가 없다. 꽃술이 밖으로 나오지 않았다.
오리방풀 잎에 거북꼬리가 있다. 꽃술이 밖으로 나오지 않았다.
방아풀 잎에 거북꼬리가 있다. 꽃술이 밖으로 삐져나왔다.

속단을 속단하지 말라: 속단

전국 산지
천마산 전역

뼈를 이어준다는 뜻에서 속단續斷, 역시 한약재로 유명한 꽃이다.

산형과만큼은 아니더라도 꿀풀과도 비슷비슷한 꽃이 많아 종종 헷갈린다. 특히 속단, 송장풀, 광대수염, 석잠풀, 익모초 등이 그렇다. 그중에서도 송장풀은 개속단으로 불릴 정도로 모양과 생식 환경이 비슷해 오인하기 쉬우나, 속단은 꽃에 잔털이 가득하고 송장풀은 털이 없는 것만으로도 쉽게 구분이 간다.

속단과 송장풀은 천마산 여기저기서 드물지 않게 만날 수 있다.

속단 송장풀, 광대수염과 비슷하나 꽃이 털로 덮여 있다.

광대수염 잎이 깻잎을 닮았으며 이름처럼 줄기와 잎 사이에 수염이 많다. 위 왼쪽

석잠풀 잎이 짧고 붉은색 꽃 아랫입술에 독특한 무늬가 있다. 위 오른쪽

익모초 꽃은 속단과 비슷하나 잎이 가늘고 길며 깊이 갈라졌다. 아래

이름을 바꿔주세요: 송장풀

전국 산지
천마산 전역

우리 야생화의 이름은 대개 참 독특하고 정겹다. 꽃며느리밥풀, 개도둑놈의지팡이, 처녀치마, 홀아비꽃대 등도 그렇지만 광릉요강꽃이나 며느리밑씻개처럼 짓궂은 이름들도 싫지만은 않다. 하지만 노루오줌, 쥐오줌풀, 누린내풀까지 가면 꽃 입장에서는 뭔가 억울할 듯싶기도 하다. 그런데, 송장풀이라니…… 하고 많은 이름 중에서 이건 너무하다 싶다. 뿌리에서 시체 썩는 냄새가 나서 송장풀이라고 했다는 얘기도 있으나, 냄새도 그렇게 심하지는 않다.

속단이 지기 시작할 무렵, 비슷한 장소에서 볼 수 있다.

송장풀 마디마다 유령 같은 얼굴의 꽃이 핀다.

꼭꼭 숨어라, 머리카락 보일라: 구상난풀

전국 산지

다년생 부생식물로 습한 곳에서 자란다. 자생지가 전국 산지라지만 워낙에 귀한 꽃이라 천마산에도 기록만 남아 있을 뿐 나도 아직 만나지 못했다. 천마산에 살(았)기는 해도 이제는 만나기 어려운 꽃들이 몇 가지 있다. 곰취, 천마, 삼지구엽초, 구상난풀……. 그중에서 천마산이 하나를 보여준다고 허락하면 난 단연코 구상난풀이다.

정말로 사라진 걸까? 아니면 어느 곳에선가 여보란 듯 자라고 있을까? 일단 최근 기록이 있으니 이곳에 남겨둔다. 어디서든 우연히 만날 수 있으면 좋으련만.

구상난풀 외계인 같은 모습이 특이하다. 수정난풀 비슷하나 붉은 빛을 띤다.(곽창근)

예전에 화악산, 제주도에서 나도수정초를 보았는데 전체적으로 비슷하다. 수정난풀과도 비교해서 기억해두자.

나도수정초 5, 6월에 꽃이 핀다. 나도수정초와 달리 고개를 들고 있다.(곽창근) ^위
수정난풀 장마가 끝난 이후에, 구상난풀과 같은 시기에 꽃을 피운다.(곽창근) ^{아래}

올해엔 찾아보리라: 수정난풀

전국 산지
돌핀샘길(추정)

2018년 9월, 신기한 일이 일어났다. 천마산에 수정난풀이 있다는 소문이 은밀히 돌기 시작한 것이다. 천마산에서 보았다며 정말 사진까지 올라왔다. 나도 어떻게든 장소를 찾아내 인사하고 싶었으나 때마침 졸저 『여백을 번역하라』가 막 출간된 직후라 심적, 물적으로 여유가 없었다.

나도수정초, 구상난풀보다 귀하다는 수정난풀. 책 서문에 천마산에는 귀한 꽃이 드물다고 얘기했는데 수정난풀이 발견된 이상 이제 천마산에도 귀한 식물이 하나 더 늘어났다고 해야겠다. 올해에는 꼭 잊지 않고 천마산의 수정난풀을 만나리라. 나도수정초와 전체적으로 흡사해 너도수정초라 불리기도 한다. 나도수정초, 구상난풀과 비교해보자.

수정난풀 (곽창근)

그 많던 싱아는 누가 다 먹었을까: 싱아

전국 산지
정상 능선길

어렸을 때는 산길을 갈 때마다 싱아를 뜯어 씹으며 걸었다. 물론 나는 몰랐지만 동네 형, 누나들이 꺾어준 것이다. 새콤 달콤 추억 같은 맛. 그러고 보니 요즘엔 산에 올라도 만나기가 쉽지 않다. 천마산에서 본 것도 한두 송이 뿐이었으니 말이다. 정말 궁금하다. 싱아는 다 어디로 간 걸까?

사실 박완서 소설에 나오는 싱아는 개싱아, 즉 수영을 뜻한다. 당연히 이 꽃과는 차이가 있다.

싱아 흰색의 작은 꽃이 가지마다 다닥다닥 붙어 있다.

깊은 산 곰이 먹는 나물: 곰취

전국 고산
돌핀샘 부근

어, 저 꽃 곰취 아냐? 몇 년 전 8월, 산행을 하던 중 순간 눈을 의심했다. 10년 전에 천마산에서 사라졌다는 곰취가 아닌가! 단 한 송이, 그래도 분명 곰취였다. 비록 일반 등산로에서 한참 벗어난 곳이라 만나기는 어렵겠지만 곰취가 산다는 사실만으로도 천마산은 분명 명산이다.

곰취는 잎이 둥글고 넓어 쌈채소로 인기가 높다. 바로 그 잎이 곰 발바닥을 닮아 이름이 곰취라고 한다. 곰취와 잎이 비슷한 식물로 동의나물이 있다. 비록 나물이라는 이름이 붙었지만 독성이 강해 자칫 곰취로 오해했다가는 호되게 당하기 쉽다.

곰취를 만나고 3년, 매년 그 때가 되면 그 자리를 찾지만 이제는 더 이상 보이지 않는다. 다년생 식물이니 분명 그 자리에 있어야 하건만 정말 사라진 걸까? 누군가 뽑아간 걸까? 아니면 내가 때를 잘못 잡은 걸까? 아쉽기만 하다.

곰취 크고 엉성한 꽃이 꽃대 끝에 모여 있다. 키가 1미터 가까이 자라기도 한다.

독수리처럼 위풍당당하게: 수리취

전국 고산
정상 능선길, 돌핀샘길, 배랭이고개

단옷날은 우리말로 수릿날이라고도 한다. 수리는 수레를 뜻하며 단오에 수레바퀴 모양의 떡살을 이용해 떡을 해먹는데 그 떡의 재료를 그래서 수리취라 부른다. 하지만 내가 보기엔 분명 맹금 수리를 닮아 수리취다.

돌이라도 꿰뚫을 듯 단단한 바늘꽃, 굵고 딱딱한 줄기, 넓은 잎…… 어느 모로 보나 기골이 장대한 독수리다. 이보다 당당한 꽃이 또 어디 있으랴! 역시 대표적인 고산 식물이라 천마산 정상 부근에 가야 겨우 몇 송이 볼 수 있다.

멥쌀가루에 수리취 잎사귀를 섞어 찐 수리취떡은 우리나라 대표적인 명절음식이기에 수리취를 따로 떡취라고도 부른다.

수리취 철갑이라도 뚫을 듯 단단한 바늘꽃이 인상적이다.

뱅글뱅글 선풍기가 돌아가요: 단풍취

전국 산지
봄꽃동산, 돌핀샘길, 배랭이고개

잎이 단풍잎을 닮았다고 단풍취다. 4월, 어린잎을 보면 정말로 단풍나무 잎이 떠오른다. 천마산에서도 쉽게 만날 수 있으나 고산식물인지라 산 높이 올라가야 한다.

희고 가느다란 꽃이 마치 선풍기 날개가 도는 모습을 보는 듯 묘한 느낌을 준다.

단풍취 꽃은 선풍기 날개를, 잎은 단풍잎을 닮았다.

얘가 쟤 같고 쟤가 얘 같고2:
모시대/잔대/층층잔대

전국 산지
천마산 전역

　모시대, 잔대, 층층잔대. 모두 종 모양의 꽃이 예뻐 인기가 많다. 천마산 등산길 여기저기서 볼 수 있으나 서로 모양이 비슷한 데다 변이도 심해 구분이 쉽지 않다. 대표적인 특징을 간추려보면 다음과 같다. 다만 그마저 애매한 경우가 적지 않다는 것.

	잔대	모시대	도라지모시대
잎	• 잎자루가 없다 • 폭이 좁다 • 치마처럼 돌려난다	• 잎자루가 길다 • 엇갈려 난다	• 잎자루가 길다 • 엇갈려 난다
꽃	• 종 모양으로 　수술대가 길다 • 줄기에 돌려서 난다	• 수술대가 꽃과 같거나 　조금 길다 • 줄기에 돌려서난다	• 수술대가 꽃과 같거나 　조금 길다 • 줄기에 한 줄로 　나란히 난다

　기본적으로는 잎자루의 유무, 돌려나느냐 아니냐, 수술대가 길게 나오느냐 아니냐로 구분하는 것이 좋다. 층층잔대는 꽃도 작고 전체적으로 모습이 다르기에 쉽게 구분이 가능하다.

　당잔대, 톱잔대, 숫잔대, 진퍼리잔대 등 잔대 가족도 복잡하나 이 책에서는 다루지 않기로 한다.

모시대 꽃술이 상대적으로 짧다. ^위
잔대 꽃술이 길고 꽃의 하부가 모시대보다 통통하다. ^{아래 왼쪽}
층층잔대 작은 잔대 꽃이 층층이 열린다. ^{아래 오른쪽}

도라지모시대 꽃이 도라지를 닮았다. 전체적으로 더 크고 단단한 느낌이다. 고산식물이라 천마산에서는 볼 수 없다. 위
숫잔대 유일하게 습지를 좋아한다. 꽃 모양이 달라 쉽게 구분할 수 있다. 아래 왼쪽
층층잔대 이름처럼 층층으로 자란다. 꽃이 작고 특이해 구분하기 쉽다. 아래 오른쪽

강하디 강한 자제력: 무릇

전국 산지, 들판, 무덤가
천마산계곡, 임도, 정상 능선길

꽃말이 "강한 자제력"이다. 복조리를 만들만큼 줄기가 튼튼해 그런 꽃말이 붙었겠으나 백합과답지 않게 생명력이 강해 산, 들, 무덤가, 인가 어디에서나 무리를 짓고 잘 자란다. 심지어 서울 잠실 아파트 단지나 도로변에서도 어렵지 않게 만날 수 있다.

구황작물로서 옛날엔 농촌에 먹거리가 없을 때 뿌리를 졸여 먹기도 했단다. 천마산에서 큰 군락을 보기는 어렵다. 등산길을 가다보면 햇볕 좋은 곳에 어쩌다 한두 송이 피었다.

무릇 작은 연보랏빛 꽃이 아름답다.

가을을 준비하라: 여로/푸른여로

전국 산지
정상 능선길, 배랭이고개, 천마산임도

내게 여름의 출발이 큰까치수염이듯이, 여로를 보면 아, 이제 가을 꽃을 준비해야겠구나 하고 생각하게 된다. 아쉽지만 한 해의 꽃놀이가 끝나간다는 뜻이다. 여로 꽃을 보면 자동으로 태현실, 장욱제가 떠오르는 이유도 아무래도 나이가 들었다는 얘기렸다.

천마산 높은 지역에서 종종 보인다. 꽃 색깔에 따라 푸른여로, 흰여로, 붉은여로에, 잎이 박새 모양을 한 참여로도 있으나, 천마산은 자줏빛의 여로와 청색의 푸른여로가 있다.

여로 5~6개의 꽃잎이 특이하게 생겼다. 유독 식물이니 조심할 것.

참여로 꽃은 여로와 같으나 잎이 박새처럼 넓다. 여로는 잎이 좁고 길다.(이영선) ^{왼쪽}
푸른여로 청색의 꽃이 핀다. ^{오른쪽}

까칠하거나 까칠하지 않거나:
까실쑥부쟁이/참취

전국 산지
천마산 전역

잎을 만지면 감촉이 까실까실해서 까실쑥부쟁이. 쑥부쟁이보다 꽃이 작고 색이 진해 더욱 사랑스럽다. 꽃은 500원 동전만하며 자주색이나 연보라색을 띤다.

참취는 까실쑥부쟁이와 생김새와 개화기가 비슷해 종종 혼동하지만 꽃 색과 꽃잎 수로 쉽게 구분할 수 있다. 천마산 어디에서나 쉽게 만날 수 있다. 인가에서도 재배하기에 우리에게 익숙하다. 우리가 즐겨 먹는 취나물이 바로 참취 잎을 뜻한다.

	꽃 색깔	꽃잎 수
참취	흰색	7~8개
까실쑥부쟁이	자주, 연보라 (수정 후 흰색)	10~15개

까실쑥부쟁이 꽃잎 개수가 많다. ^위
참취 꽃잎 개수가 7~8개 정도로 성긴 느낌이다. ^{아래}

천마산의 분취 가족: 분취/은분취/서덜취

전국 산지
천마산계곡 위쪽, 정상 능선길, 배랭이고개

몇 년 전, 설악산 공룡능선에서 바위틈에 간신히 터를 잡은 분취를 봤다. 햐, 어떻게 저런 곳에서 살며 꽃까지 피웠을꼬? 그래서 더욱 처연하고 아련한 꽃이다. 분취 종류는 대개가 메마른 땅이나 바위틈을 좋아한다. 우리나라 특산으로 천마산에는 분취, 은분취, 서덜취가 살고 있다. 은분취는 분취와 비슷하나 전체적으로 흰털로 덮였으며 특히 잎 뒷면이 은으로 코팅한 것처럼 보인다. 서덜취는 사진에서 보듯 꽃받침에 돌기가 있다.

북방계 식물로 경기도 이북에 산다고 하니 남쪽 사람들에게는 꽤나 귀한 몸이리라. 천마산에서도 높이 올라가야 이따금 만날 수 있다.

은분취 전체적으로 흰 가루를 뿌린 느낌이다. 잎 뒷면이 은색이다. 위 왼쪽

분취 은분취와 비슷하나 색이 선명하다. 위 오른쪽

서덜취 꽃받침이 까칠까칠 돌기로 덮여 있다. 아래

헝클어진 머릿결: 영아자

전국 산지
천마산임도, 산기슭

다섯 개의 보라색 꽃잎이 깊게 패고 비틀려 마치 산발머리를 한 것 같다. 바람이 조금 불기라도 하면 복잡한 모양새가 더 어지러운데 그래서 꽃말도 "미친 여자狂女"다. 언뜻 보면 보라색 모기를 닮기도 했다.

어린 싹이 나물로 유명해 요즘은 재배를 하는 곳도 많으며 임도나 산기슭 습한 곳에서도 쉽게 볼 수 있다. 우리나라에 단 1종뿐인데다 꽃 모양이 독특해 단번에 이름을 구분할 수 있다.

영아자 꽃의 색과 모양이 특이해 쉽게 알아볼 수 있다.

해바라기가 되고 싶은 풀꽃: 여우오줌

중부 이북 산지
배랭이고개

국화과 작은 해바라기처럼 생긴 꽃. 우리나라 꽃 중에 오줌이 들어가는 이름은 세 가지다. 노루오줌, 쥐오줌풀 그리고 여우오줌. 비록 오줌은 아니지만 비슷한 이름이 광릉요강꽃, 요강나물, 누린내풀, 계요등 등이 있다. 여우오줌은 꽃을 만지면 여우오줌 냄새가 나기 때문인데, 담배풀 가족 중에서 꽃이 가장 커서(25~30밀리미터) 왕담배풀이라고도 부른다. 담배풀 가족도 복잡하지만(담배풀, 좀담배풀, 긴담배풀, 두메담배풀, 천일담배풀 등) 여우오줌을 제외하고는 등산객들의 시선을 끌 정도의 외모는 아니다.

여우오줌 다음으로는 좀담배풀 꽃이 크다(8~15밀리미터).

여우오줌 꽃이 500원 동전만 하게 커서 해바라기를 연상케 한다. 왼쪽
좀담배풀 꽃이 조금 작다. 50원 동전만 하다. 오른쪽

정말로 바다 맛이 날까? 미역취

전국 산과 들
천마산 전역

막바지 여름에 꽃을 피워 가을 마지막을 장식하는 꽃이다. 그러니까 국화과 꽃들과 꽃향유처럼 이 꽃이 피면 올해 꽃구경이 끝났다는 선언인 셈이다. 그래서 그럴 것이다. 만나면 왠지 섭섭한 마음이 드는 까닭은.

어린잎을 나물로 먹으면 미역 맛이 난다고 해서 미역취란다. 능선길을 중심으로 천마산 어디에서나 쉽게 만날 수 있으며 비슷한 모양의 꽃이 없어 쉽게 구분이 가능하다. 얼핏 곰취와 비슷하지만 키가 훨씬 작고 잎이 뾰족하다. 하긴 천마산에서 곰취 보기가 하늘의 별따기니.

미역취 노란색의 성긴 꽃이 핀다.

버섯계의 여왕: 노랑망태버섯

중부 이북
천마산 전역

    조금은 생뚱맞지만 버섯류를 소개해본다. 노랑망태버섯은 그만큼 독특하고 아름답다. 노랑망태버섯이 특별한 까닭은 노란 색 망사(균사) 덕분이다. 망사는 새벽부터 시작해 빠른 속도로 자라 불과 2~3시간 내에 온몸을 덮는데, 그 이후로는 곧바로 시들어 오후에는 수명을 다하고 만다. 버섯의 여왕으로 불릴 만큼 아름답지만 수명은 안타깝게도 한나절을 가지 못한다.

    천마산 전역이라고 했지만 오전 일찍 시들기 시작하는 데다 개체 수가 적고 군락이 크지 않아 제대로 된 모습을 만나기가 쉽지만은 않다. 지금까지 가장 큰 군락지는 단풍골 길에서 만났다.

    북쪽이 노랑망태버섯이라면 남쪽에는 망태버섯이 있다. 흰색이라는 점을 제외한다면 생김새가 거의 같다. 노랑망태버섯은 잡목숲을, 망태버섯은 대나무 숲을 좋아하며, 식용이 불분명한 노랑망태버섯과 달리 망태버섯은 식용으로도 잘 알려져 있다. 이른바 홀아비꽃대/옥녀꽃대의 버섯 버전인 셈이다.

노란망태버섯 노란색의 균사가 매혹적이다. ^위
망태버섯 균사가 흰색이다. 남부지방에 가야 볼 수 있다.(곽창근) ^{아래}

노란망태버섯 노란색의 균사가 매혹적이다. 위
망태버섯 균사가 흰색이다. 남부지방에 가야 볼 수 있다.(곽창근) 아래

이질풀 가족의 킹왕짱: 둥근이질풀

전국 고산
정상 능선길, 배랭이고개

천마산이 높지도 낮지도 않은 탓에 자생 고산식물의 경우 아쉽게도 개체수가 많지는 않다. 예를 들어, 금강애기나리, 꿩의다리아재비, 바위떡풀, 큰앵초 등이 있는데, 소백산, 설악산 등 고산에서는 그렇게 흔하게 만나는 풀꽃도 이곳에서는 한두 개체 보기가 어렵다. 둥근이질풀이 딱 그렇다. 귀한 꽃은 아니나 천마산 자체의 지형적 한계로 보기가 어려우니 말이다.

쥐손이풀 가족도 복잡하고 구분이 쉽지만은 않다. 사실 천마산 둥근이질풀의 정확한 이름은 "큰세잎쥐손이"다. 잎이 이질풀보다 세잎쥐손이에 가깝기 때문인데 아직은 둥근이질풀로 불러도 큰 무리는 없다. 꽃의 크기는 500원 동전만 하다.

둥근이질풀 이질풀을 10배쯤 확대한 모습이다.

꽃쥐손이 꽃술이 길게 나와 있다. 고산식물이라 인근에서는 화악산 정상에 가야 만난다.
이질풀 둥근이질풀과 비슷하나 꽃의 크기가 새끼손톱만하다.

전 쥐손이풀이 아니에요: 세잎쥐손이

전국 산지
천마산계곡, 천마산임도, 배랭이고개

꽃은 둥근이질풀보다 작고 쥐손이풀보다는 조금 더 큰 수준이나, 그래도 인가에서 잡초 취급 받는 쥐손이풀과 달리 나름 깊은 산에 들어가야 만날 수 있다. 잎이 세 갈래이기에 세잎쥐손이인데 가운데 잎이 다른 두 개에 비해 월등히 크다.

천마산에서도 의외로 눈에 잘 띄지 않는 친구다.

세잎쥐손이 세 잎 중 가운데가 특별히 크다.

쥐손이풀 시골 풀밭에 자라며 이질풀처럼 꽃이 아주 작다. 잎이 5갈래다.

가치를 따지지 말기: 멸가치

전국 산지
천마산 전역

이른 여름에는 등산객들의 길을 안내해주고 열매가 맺히면 등산객들의 바지에 달라붙어 함께 산행을 하는 꽃이다. 천마산 계곡을 비롯해 산기슭 계곡 길은 어디나 크고 넓은 잎으로 덮이는데 바로 이 꽃 멸가치다.

별 가치도 볼 가치도 없는 꽃이라고 농담처럼 얘기하지만 아무리 흔한들 가치 없는 꽃이 어디 있으랴. 자세히 들여다보면 하얀 별 모양의 꽃들이 조밀조밀 아름답기만 하다.

멸가치 잎이 초여름 등산길을 덮고 있다.

이름이 더 재미있는 꽃: 도둑놈의갈고리

전국 산지
천마산 전역

　이런 들꽃 이름을 만날 때마다 괜히 신이 난다. 남들은 이름이 흉하다며 인상을 쓰기도 하건만(예를 들어 광릉요강꽃, 며느리밑씻개, 개불알꽃, 요강나물, 개털이슬 등) 내 유전자엔 아무래도 장난꾸러기나 심술쟁이가 들어앉은 모양이다. 도둑놈의갈고리, 안경 모양의 열매가 몰래 옷에 잘 달라붙는다 하여 붙은 이름이라고 한다.

　잎의 모양과 수에 따라 큰도둑놈의갈고리, 개도둑놈의갈고리, 애기도둑놈의갈고리도 있으나 지금 당장은 도둑놈의갈고리 정도로 이해해도 무방하다. 꽃은 새끼손톱 정도로 아주 작다.

도둑놈의갈고리 붉은색의 작은 콩과 꽃이 꽃대에 성기게 달려 있다.

이렇게 앙증맞은 꽃이: 털이슬

전국 산지
직골, 천마산계곡, 고매골

아주 작은 꽃으로 산기슭 습한 곳에서 볼 수 있다. 꽃의 색과 잎 모양에 따라 쥐털이슬, 개털이슬, 말털이슬, 쇠털이슬, 붉은털이슬 등으로 분류하나 천마산에는 가장 흔한 털이슬 뿐이다.

털이슬 흰꽃이 피고 꽃받침에 털이 많다. 왼쪽
쥐털이슬 털이슬 종류라지만 털이 없다. 붉은 꽃받침이 매력적이다. 가운데
붉은털이슬 쥐털이슬과 비슷하나 온몸에 털이 있다. 오른쪽

가을을 기다리며: 이고들빼기/까치고들빼기

전국 산지
천마산 전역/천마산 임도, 소리탄골길

　　고들빼기는 보통 봄꽃으로 알지만, 여름 늦게 피는 고들빼기도 있
다. 이고들빼기, 까치고들빼기, 두메고들빼기, 왕고들빼기 등이 그렇
다. 봄에 피는 고들빼기에 비해 대체로 키도 크고 꽃도 큰데 그중 이
고들빼기는 키도 꽃도 작아 특별히 애잔하고 아름답다. 정상 능선길
을 비롯해 양지바른 곳이면 어디에서나 볼 수 있으며, 고들빼기답게
잎이 줄기를 감싼다.

　　까치고들빼기는 이고들빼기와 달리 천마산에서도 보기 어렵다. 그
만큼 귀하다는 얘기다. 꽃은 이고들빼기와 비슷하나, 꽃잎이 다섯 개
에 훨씬 작으며 고들빼기답지 않게 잎이 수박 잎처럼 깊이 갈라졌다.

이고들빼기 키가 20~30센티미터 정도로 능선 어디에서나 볼 수 있다. 왼쪽
까치고들빼기 고들빼기 종류와 달리 꽃잎이 다섯 개이며 잎이 특이하게 생겼다. (성언창) 오른쪽

언젠가는 돌아오기를: 누린내풀

전국 산지
천마산계곡

몇 해 전 일이다. 천마산계곡을 내려가던 중 기슭에서 우연히 누린내풀을 만났다. 오, 세상에 천마산에 누린내풀이 있다니. 아름다운 꽃에 반해서 일부러 용문산 사나사계곡이나 화악산을 찾기도 했건만. 그리고 2년 후인가? 비슷한 시기에 그 곳을 찾았다. 그런데 누린내풀은 어디에도 없었다. 아무리 찾아봐도 보이지 않았다. 그 이듬해도, 그 이듬해도.

꽃보다 냄새를 먼저 만난다. 옆을 지나치기만 해도 누린내풀 특유의 퀴퀴한 향이 코를 자극하기 때문이다. 하지만 냄새에 익숙해지기만 하면 꽃은 어사화라 불릴 만큼 정말 아름답다.

워낙 잡초처럼 강한 꽃이다. 지금은 잠시 천마산을 떠나 있을지언정 특유의 끈질긴 생명력으로 돌아오기를 빈다. 아니, 어쩌면 천마산 어딘가에서 우리를 기다리고 있을지도.

누린내풀 꽃이 어사화라 불릴 만큼 독특하고 아름답다. 머리 위로 길게 뻗은 꽃술이 매력.

감싸느냐 아니냐: 두메고들빼기/산씀바귀

전국 산지
천마산 전역

꽃을 처음 접하는 사람이라면 씀바귀와 고들빼기도 쉽지 않다. 가장 기본적으로 구분하는 방법은 두 가지다. 씀바귀는 꽃술이 까만색이고 잎이 줄기를 감싸지 않는다. 고들빼기는 꽃술이 노란색이며 잎이 줄기를 감싼다. 물론 예외는 있다. 왕고들빼기와 두메고들빼기는 꽃과 꽃술로 구분이 불가능하므로 기본적으로는 잎이 줄기를 감싸느냐의 여부만으로 구분할 수밖에 없다.(왕고들빼기는 잎이 줄기를 감싸지도 않는다.)

두메고들빼기와 산씀바귀도 마찬가지다. 꽃 모양이 비슷하기에 잎이 줄기를 감싸느냐(두메고들빼기), 아니냐(산씀바귀)로 구분할 수 있다.

고산식물이라 비교적 높은 곳에 자라나 다행히 귀한 꽃은 아니다.

두메고들빼기 잎이 줄기를 감싼다. _{왼쪽}
산씀바귀 꽃술이 까맣고 잎이 줄기를 감싸지 않는다. _{오른쪽}

제3부

가을꽃

구절초 위
산부추 아래 왼쪽
투구꽃 아래 오른쪽

산꽃을 좋아하는 사람들에겐 가장 슬픈 계절이다. 10월의 향유, 꽃향유 등을 마지막으로 더 이상 새로운 꽃이 피지 않고, 피었던 꽃들도 하나둘 저물기 때문이다. 꽃들도 화려한 나들이를 마치고 곰이나 다람쥐처럼 겨울 동면에 들어간다. 이제 산은 꽃이 아니라 낙엽과 눈으로 뒤덮이리라.

아듀, 산국, 아듀, 구절초, 아듀, 꽃향유……

아아, 꽃이 사라진 등산길이라니……

9월

오리떼가 뒤뚱뒤뚱 소풍을 갑니다: 흰진범

전국 산지
천마산계곡, 돌핀샘길, 천마산임도

바람은 선선하고 햇볕이 그다지 싫지만은 않다. 매미소리도 한풀 꺾였다. 하지만 천마산 숲속은 그보다 먼저 가을이 찾아들었다. 가을의 시작, 흰진범이 꽃을 피운 것이다.

모습이 독특해, 마치 하얀 오리들이 줄을 지어 산책하거나 비상하는 광경을 보는 듯하다. 천마산에서는 개체수가 그리 많지 않기에 만나면 무척이나 기쁘다. 연한 자줏빛 꽃이 피는 개체를 진범이라고 따로 부르는데 아쉽게도 천마산에는 살지 않는다.

얼마 전 초오과 식물로 술을 담가 마시고 안타깝게도 두 사람이 죽었다는 뉴스를 봤는데 투구꽃, 진범, 흰진범 등의 초오과들은 맹독성이니 주의해야 한다. 꽃은 눈으로만 보고 사진으로만 담아가기.

진범 꽃이 연한 자주색이며 천마산에서는 볼 수 없다.

흰진범 오리 모양의 흰 꽃이 덩굴가지에 매달려 있다.

송이풀이 되고 싶어: 나도송이풀

전국 산지, 들
천마산계곡, 천마산임도, 직골

사실 송이풀과는 전혀 다른 꽃이다. 모양도 크게 다르지만(나도송이풀 꽃은 오히려 며느리밥풀 종류를 닮았다) 나도송이풀은 한해살이 반기생식물이다. 송이풀은 다년생 식물. 일본어 이름을 그대로 우리말로 옮기는 과정에서 빚어진 잘못이랄까?

천마산 낮은 곳에 주로 살고 있다. 다른 곳은 개체수가 많지 않으나 천마산임도를 걷다보면 심심치 않게 군락과 만날 수 있다. 산자락 양지바른 곳을 좋아해서인데 군락지에 휴양림을 조성 중이라 훼손이 우려된다.

고산식물인 송이풀, 멸종위기 종인 애기송이풀도 눈여겨보자.

나도송이풀 꽃이 꽃며느리밥풀과 비슷하나 두 배쯤 크며, 잎이 깊이 갈라졌다.

송이풀 8, 9월에 자주색 꽃이 핀다. 깊은 산에 살며 천마산에는 없다. 위
애기송이풀 3월 말에 피며 멸종위기 종이다.(곽창근) 아래

요정들의 춤사위: 바위떡풀

전국 고산
돌핀샘길

꽃은 작지만 들여다볼수록 아름다운 꽃들이 있다. 바위떡풀의 꽃은 그중에서도 최고라 할 만하다. 빨간 꽃술 머리에, 짧고 긴 꽃잎이 우아하게 곡선을 이루며 모여 달린 모습이 마치 어두운 하늘을 날아다니는 개구쟁이 요정들처럼 보인다. 바위에 딱 붙어 뭘 먹고 살기에 저렇게 즐겁고 생기가 넘칠까?

꽃말은 "절실한 사랑." 천마산에서는 돌핀샘, 봄꽃동산 주변 계곡에서나 간간히 만날 수 있다. 꽃잎이 셋은 짧고 둘은 길어 큰 대大자처럼 보인다.

바위떡풀 고산 바위에 붙어 산다. 크기가 서로 다른 다섯 개의 꽃잎과 빨간 꽃술이 아름답다.

로마 병정들의 당당한 행진: 투구꽃

전국 산지
천마산계곡, 고매골

로마 병정의 투구를 닮은 꽃. 그러고보니 어딘가 듬직해 보이기도 하다. 북사면 그늘진 곳을 좋아해 천마산 계곡을 따라 심심치 않게 만날 수 있다. 뿌리를 초오^{草烏}라고 하며 약재로 사용하는데 독성이 강하다. 자칫 목숨을 잃을 수도 있으니 야생화를 캐는 일은 어느 모로 보나 바람직하지 않다.

잎의 모양에 따라 선투구꽃, 세뿔투구꽃 등 초오속 가족도 복잡하다. 얼마 전에는 북한에만 산다는 부전투구꽃, 개마투구꽃까지 남한에서 확인했다니 야생화 애호가들의 가슴이 설렐 법하다.

놋젓가락나물, 백부자는 특징이 다르니 눈여겨 볼 필요는 있다. 놋젓가락나물은 강원도 산지에서 만날 수 있으며, 멸종위기 종 백부자는 몇 년 전 천마산에서 봤다는 기록만 있을 뿐 아직 만나보지 못했다.

투구꽃(흰색) 로마 병사의 투구 같은 모습이다. 흰색은 귀한데 대관령에서 만났다. 위

놋젓가락나물 전반적으로 투구꽃과 비슷하다. 꽃은 조금 작고 덩굴성이라 줄기가 좀 더 구불거리는 느낌. 아래 왼쪽

백부자 꽃의 붉은 줄무늬가 매혹적이다. 잎이 투구꽃보다 가늘다. 멸종위기 종.(임성빈) 아래 오른쪽

가을의 여왕: 구절초

전국 산지
정상 능선길, 천마산일도

옥황상제를 모시던 선녀가 지상에 내려와 가난한 시인과 결혼하여 행복하게 살았다. 그런데 고을 사또라는 자가 온갖 횡포를 부려 선녀는 죽고, 남편도 따라 죽는다. 그래서 "천상의 꽃"이라 불린다.

천상의 꽃이라는 이름이 너무도 잘 어울리는 꽃, 구절초. 가장 좋아하는 봄꽃이 복수초라지만 계절에 관계없이 가장 좋아하는 들꽃을 꼽으라면 나는 무조건 구절초다. 들판, 화단, 산 어디나 있는 흔한 꽃이건만 유독 높은 산에 올라가 구절초를 만나면 신기하게도 가슴이 콩닥콩닥 뛰고 만다. 흠 잡을 데 없이 완벽한 아름다움, 기품과 기개에 탄복하고 만 것이다.

산에서 만나는 구절초는 다르다. 양지를 좋아하는 터라 대개는 정상 벼랑 끝이나 능선 가장자리에 자리를 잡는데 산 주변의 수려한 경관을 배경으로 하기에 넋을 잃고 한참을 바라보게 된다.

산구절초, 포천구절초, 바위구절초 등 종류도 많지만 내게는 늘 구절초였다. 적어도 구절초만큼은 학자들의 식물학적 분류에 빠져들고 싶지 않다.

구절초 호랑이가 동물의 왕이라면 구절초는 들꽃의 왕이다.

슬픈 그대를 사랑합니다: 용담

전국 산지
정상 능선길, 천마산임도

이렇게 아름다운 꽃말이 다 있다니. 애수. 슬픈 그대를 사랑합니다. 꽃말 때문에라도 사랑하지 않을 수 없을 것 같다. 주로 산지 풀밭에 살지만 천마산에서는 보기가 쉽지 않다. 지금껏 정상 능선길 헬기장 부근에서 몇 번, 그리고 천마산임도 기슭에서 한 번 봤을 뿐이다.

용담과 비슷한 가족으로 과남풀이 있다. 용담과 달리 꽃잎을 많이 벌리지 않고 반점이 없으나 초보자에게는 구분이 어려울 수도 있다. 과남풀은 천마산에서 딱 한 번 봤는데 그 이듬해부터는 보이지 않고 기록도 찾을 수 없다.

용담 보라색 꽃잎을 활짝 벌리며 꽃 안에 반점이 있다. ^위
과남풀 꽃이 청색에 가깝고 꽃잎을 크게 벌리지 않는다. ^{아래}

가을바람에 살랑살랑: 산부추

전국 산들
천마산 능선길, 천마산임도

살랑살랑,

가을 천마산 능선길을 오르다보면, 바위틈에서 가을바람에 산들
거리며 등산객을 유혹하는 꽃이 있다. 꽃마저 홍자색이라 더 없이 매
혹적이다. 색을 제외하면 모든 점에서 텃밭 부추와 똑같이 생긴 꽃.
그래서 더욱 신기하고 정겹다. 가을이 오기 전, 가장 가을 같은 색의
꽃이기도 하다.

그러고보면 아직 그 알싸한 맛을 볼 기회가 없었다. 올해 꽃망울
을 터뜨릴 무렵 꼭 시도해봐야겠다. 묵현리 방향 능선 위쪽에서 쉽게
만날 수 있다.

산부추 홍자색 꽃 무
더기가 그렇게 화려할
수 없다.

백설의 결정을 보듯: 눈빛승마

고산 및 중부 이북 산지
돌핀샘길

비록 개체수는 많지 않아도 키가 크고 꽃이 순백이라 그늘진 숲속에서도 쉽게 눈에 띈다. 혹시 산에서 마주치면 가까이 다가가 살펴보자. 마치 눈의 결정을 보듯 화려하다.

몇 해 전 강원도에서 수백 송이가 한꺼번에 만개한 광경을 보고 한참을 넋을 잃었다. 흡사 숲에 함박눈이 내려앉기라도 한 듯한 풍경. 유감스럽게도 천마산에서는 그런 장관을 볼 수 없다. 고산식물이라 이곳에서는 개체수가 많지 않기 때문.

눈개승마와 생김새는 비슷하나 개화기가 훨씬 늦은 데다(눈개승마 5~6월) 잎이 거칠게 갈라져 구분이 어렵지는 않다.

눈빛승마 흰색 꽃으로는 가장 순백일 듯싶다. 백설공주 같은 꽃.

283

강원도 산속의 눈빛승마. 어두운 그늘 속이라 하얀 눈이 숲속에 내려앉은 듯하다.

들여다보면 아름답다: 새끼꿩의비름

전국 산지
정상 능선길, 천마산계곡, 천마산임도

"들여다보면 아름답다." 작은 야생화 꽃을 묘사할 때 자주 언급하는 얘기다. 새끼꿩의비름도 그렇다. 연노랑색 꽃을 접사렌즈로 보면 그렇게 아름다울 수가 없다.

꿩의비름 가족의 꽃은 대체로 연자줏빛이지만 새끼꿩의비름만큼은 연두색을 하고 있다. 다른 가족에 비해 화려함은 덜하지만 또 그만큼 귀하기도 하다. 즉 천마산에서도 보기가 쉽지만은 않다는 뜻. 꽃의 모양이 비슷하고 주아(살눈)가 없을 경우 세잎꿩의비름이라 한다지만 천마산에는 살눈이 있는 새끼꿩의비름이 맞다.

꿩의비름, 큰꿩의비름, 둥근잎꿩의비름 등이 가족이다.

새끼꿩의비름 연두색 꽃과 꽃술이 아름답다. 위 왼쪽
꿩의비름 꽃이 연자줏빛이다. 위 오른쪽
둥근잎꿩의비름 큰꿩의비름처럼 꽃이 짙은 자주색이나 잎이 둥글다. 사는 곳이 제한적이라 멸종위기
종으로 분류한다.(최동기) 아래

이제는 귀한 몸: 삽주

전국 산지
정상 능선길

몇 년 전, 남한산성에 지치 꽃을 보러갔다. 분명 바로 전날 꽃을 확인했다는 얘기를 들었건만 그 자리엔 파헤친 흔적만 있었다. 신비의 약초라는 별명 때문이겠지만 식물은 그 때문에 멸종위기에 몰리고 만다. 주변에 좋은 약도 재배 약초도 얼마든지 많건만 굳이 자연산 운운하며 남획을 일삼는다.

삽주가 그렇다. 능선이나 양지바른 사면에 간간히 피던 꽃이 약효가 좋다는 얘기에 이제는 만나기조차 쉽지가 않다.

삽주 귀하지 않은 꽃이건만 이제는 만나기가 쉽지 않다.

곤드레만드레: 고려엉겅퀴

전국 산지
천마산 전역

한치 뒷산에 곤들레 딱쥐기
마지메 맛만 같으면
고것만 뜯어다 먹으면 한해 봄 살아나네
아리랑 아리랑 아라리요
아리랑 고개로 날 넘겨주소

민요 「정선아리랑」의 일부다. 보릿고개 시절, 밥의 양을 늘리기 위해 넣어 먹었다는 곤드레나물. 강원도에서는 지금도 최고의 나물로여긴다. 우리나라 사람이라면 누구나 한번쯤은 들어본 이름이겠다. 그래도 고려엉겅퀴라는 이름은 대부분 낯설어한다. 곤드레나물의 추천명이 고려엉겅퀴라고 하면 심지어 신기한 표정까지 짓는다.

강원도는 아니어도 천마산도 양지바른 곳이면 어디나 쉽게 만날 수 있다. 꽃은 엉겅퀴를 닮았으나 잎에 가시가 없다. 어린잎을 말려 나물로 만든다.

흰 꽃이 피면 정영엉겅퀴라고 따로 이름을 부르는데 천마산에서는 볼 수 없다.

고려엉겅퀴 꽃은 엉겅퀴처럼 생겼으나 가시나 바늘이 없다. 위
정영엉겅퀴 고려엉겅퀴와 똑같으며 다만 꽃의 색만 하얗다. 아래

10월

가을이여 안녕, 꿀풀 삼총사:
향유/꽃향유/배초향

전국 산들
천마산 전역

10월이면 비슷한 시기에 비슷한 꽃 세 종이 한꺼번에 핀다. 향유, 꽃향유, 배초향. 배초향은 방앗잎이라는 이름으로 인가에서 재배하며 꽃이 드문드문 달린다. 향유와 꽃향유는 꽃이 한 방향으로만 달린다는 점에서 배초향과 다르다. 셋 중 꽃향유가 꽃 색이 가장 진하고 화려하다. 천마산에서는 셋 다 등산길 어디에서나 쉽게 볼 수 있다.

꽃향유 꽃의 빛깔이 붉고 진하다.

향유 연두색 꽃이 한 방향으로 자란다.(최동기) 위
배초향 꽃향유, 향유와 달리 꽃이 돌아가며 성기게 핀다. 아래

가을이여 안녕 2: 산국

전국 산들
천마산 전역

　단풍이 짙을 무렵 천마산 임도를 걷는다. 단풍도 단풍이지만 이 즈음이면 임도 햇살 좋은 곳을 따라 산국 향이 그만이기 때문이다. 이따금 꽃향유도 떠나는 가을을 아쉬워하며 붉은 빛을 한껏 끌어올린다. 10월 말, 천마산의 가을을 느끼고 싶으면 임도가 제격이다.

　산국과 감국이 비슷한 시기에 피고 꽃이 비슷하기에 혼동하는 사람이 많다. 꽃은 감국이 더 크다.(500원 동전 크기) 그리고 산국의 잎이 쓴 반면 감국 잎은 단맛이 난다. 천마산에는 아쉽게도 산국만 볼 수 있다.

　산국이 피면 그해 천마산 꽃구경은 끝이다. 더 이상 필 꽃이 없기 때문이다. 그래서 더 없이 아련하고 애잔한 꽃. 가을이여 안녕. 내년에 다시 만나요.

산국 꽃은 50원 동전만하고 산국보다 오밀조밀 모여 핀다. 위
감국 꽃이 500원 동전 만하며 주로 바닷가에 산다. 아래

보호해야 할
우리 꽃

    몇 해 전 가평의 어느 산을 헤매던 중 우연히 광릉요강꽃을 본 적이 있다. 그때 그 놀라움과 기쁨은 말로 다할 수가 없었으나 누구에게 말하는 것조차 극히 조심스러웠다. 행여, 누군가 그곳에 찾아가 파가거나 훼손할까봐 겁이 났기 때문이다.

    멸종위기 종은 그렇게 만들어진다. 귀하다고, 모양이 특별하다고, 몸에 좋다고 누군가 무책임하게 남획하기 때문에. 누군가의 화분에, 누군가의 뱃속에 들어가는 순간, 그 꽃은 더 이상 야생화가 아니라 탐욕의 희생자가 되고 만다.

    꽃은 제자리에 있을 때 가장 아름답다.

    광릉요강꽃, 깽깽이풀, 개불알꽃, 피뿌리풀, 동강할미꽃, 분홍장구채, 백작약, 참기생꽃…….

동강할미꽃(심미영)　　　백작약
분홍장구채(곽창근)　　　설악솜다리

정선바위솔(곽창근)　　장백제비꽃
한계령풀(곽창근)　　참기생꽃

피뿌리풀   솔나리
개불알꽃   깽깽이풀
광릉요강꽃

잡초도
꽃이다

"버려 하면 잡초 아닌 것이 없지만
품으려 하면 꽃 아닌 것이 없다."
어느 책 표지에서 본 글이다.
그렇다.
귀하지 않고 화려하지 않아
시선을 끌지 못하지만
산, 들, 우리 주변 어딘가에
예쁜 꽃들이 있다.
지면상의 이유로,
사람들의 시선에서 조금 떨어져 있다는 이유로
담지 못한 꽃들을 이곳에 정리해본다.
주로 작거나 흔해서 관심을 덜 받는 꽃들이다.

봄꽃 /

 광대나물

 개구리자리

문모초

민들레

벼룩나물

봄망초

봄맞이

큰개불알풀

④

선개불알풀

④

솜나물

④

연복초

④

유럽점나도나물

④

줄딸기

④

큰구슬붕이

구슬붕이

미나리아재비

별꽃

5

선밀나물

5

지느러미엉겅퀴

뿌리뱅이(임성빈)

지칭개(심미영)

6

개소시랑개비

6

개구리미나리

⑥

석잠풀

⑦

개곽향

⑦

고추나물

유흥초(성언창)

미국쑥부쟁이

박주가리

새삼

선괴불주머니

쉽싸리

파리풀

칡

고마리

8

고슴도치풀

8

꽃층층이꽃

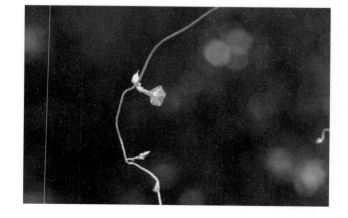

8

둥근잎유홍초

들깨풀

8

미국가막사리

8

산여뀌

산해박

새팥

좀돌팥

수까치깨

이삭여뀌

8

좀고추나물

8

탑꽃

8

이질풀

쥐손이풀

8

진득찰

appendix
—
02

천마산에
나무꽃이 있다

생강나무

3월. 한반도 자생식물이며 봄에 가장 일찍 피어 "봄을 알리는 식물"로 알려졌다. 상처를 내면 생강 냄새가 난다. 산수유와 비슷하지만 산수유는 인가에서만 자라고 생강나무와 달리 나무껍질이 거칠고 잘 벗겨진다. 생강나무를 만나려면 반드시 산속에 들어가야 한다.

올괴불나무

4월. 봄에 일찍 피는 꽃은 대개 잎보다 꽃이 먼저 나온다. 마치 발레리나 슈즈를 연상할 정도로 꽃이 아기자기하고 예쁘다. 남쪽에도 비슷한 길마가지나무가 있는데 꽃술 끝이 올괴불나무와 달리 노란색이다.

호랑버들
3월. 생강나무와 함께 가장 먼저 봄을 알리는 전령사다. 처음에는 회색 털꼬리 모양이다가 꽃이 피면 노랗게 물든다. 주로 임도를 중심으로 양지바른 곳에 많다.

이스라지(이영선)
4월. 이름이 예쁘다. 이스라지. 열매가 앵두처럼 붉어서 붙은 이름인데, 앵두의 옛이름이 이스랒이다. 그래서 산앵두라 불리기도 한다. 키 작은 관목이며 4월에 잎보다 꽃이 먼저 피는 부류에 속한다.

산복사나무
4월. 비교적 이른 시기에 분홍색 꽃이 핀다. 천마산계곡에 봄꽃이 한창일 때 피는 나무 꽃이라 유달리 반갑기도 하다.

병꽃나무
4월. 꽃이 병 모양으로 생겨 붙은 이름이다. 키는 2~3미터로 작은 편이며 흰색 꽃이 피어 분홍색을 거쳐 질 때쯤엔 붉은 색으로 변한다.

고광나무
4월. 이른 봄 고갱이(새순)을 먹는다고 해서 고광나무라 한다. 오이순 나물로 불릴 정도로 인기가 좋다. 같은 시기에 피는 흰꽃들이 많지만 유일하게 꽃잎이 네 장이라 구분이 어렵지 않다.

붉은병꽃나무
4월. 병꽃나무와 모든 점에서 비슷하나 꽃이 필 때부터 붉은 색이다. 병꽃나무와 마찬가지로 주로 산 낮은 지대에서 자란다.

매화말발도리
4월. 바위틈에 자리를 잡은 탓에 나무가 매우 작다. 꽃은 5센티미터 정도이며 이름처럼 매화를 닮았다. 천마산에서도 어렵지 않게 만날 수 있다.

조팝나무
4월. 이제는 관상수로 더 유명한 꽃이다. 팝콘처럼 톡톡 터지는 꽃망울이 매력적이다. 흔하지는 않지만 양지바른 곳이면 어렵지 않게 만날 수 있다.

말발도리(최동기)

4월. 물참대와 비슷한 시기에 피어 종종 헷갈리게 한다. 가장 쉬운 구분 방법은 꽃이다. 씨방이 흰색에 가까운 연두색이면 물참대, 진노랑이면 말발도리. 말발도리라는 이름은 열매가 말굽 비슷하게 생겼기에 붙은 이름이다.

벚나무

4월. 키가 20미터까지 자라는 낙엽활엽수라 멀리서도 잘 보인다. 벚나무가 30여 종이나 된다지만 천마산에서는 벚나무만 있는 것으로 보인다. 천마산계곡으로 올라가면서 심심치 않게 만날 수 있다.

철쭉
4월. 천마산의 대표적인 봄꽃이다. 연분홍 꽃이 아름다우며 비교적 높은 곳에 자라 능선 정상부위나 가곡리 임도에 많다. 아파트나 도로변에 키우는 꽃은 색이 다양하고 더 짙은데 철쭉이 아니라 산철쭉이나 영산홍이다.

오동나무(최동기)
5월. 연보랏빛의 꽃 모양이 특이하다. 5월이면 잎 없이 꽃이 활짝 피어나는데 그 모습이 가히 장관이다. 천마산에서는 임도에 많다.

층층나무(임성빈)
5월. 키가 아주 크며 작은 꽃들이 옹기종기 모여 층층이 피어난다. 천마산에서는 산기슭, 능선길, 임도 길 등에서 쉽게 눈에 띈다.

국수나무
5월. 산기슭 등산로 어디에서나 쉽게 볼 수 있다. 꽃은 작고 골속이 국수처럼 생겼다 하여 국수나무라 한다.

보리수나무
5월. 석가가 그 아래서 깨달음을 얻었다는 바로 그 나무다. 향기가 좋고 연노랑색 꽃이 다닥다닥 붙어 있는 모습이 아름답다. 10월에 열매가 익으면 청을 만들어 약용으로 쓰기도 한다. 천마산에서는 묵현리 능선길에서 만날 수 있다.

가막살나무(조민제)
5월. 가막살은 까마귀가 먹는 쌀이라는 뜻이다. 덜꿩나무와 비슷하게 생겨 구분이 쉽지 않으나 가막 살나무는 턱잎이 없고 열매가 동그랗다.

덜꿩나무

5월. 꿩이 열매를 좋아한다고 해서 덜꿩나무라고 한다. 이 즈음의 꽃들은 꽃술이 길고 꽃이 모여 피는데, 가막살나무, 물참대, 팥배나무, 노린재나무 등이 덕분에 구분이 쉽지 않다. 종류가 많지 않으니 특징을 살펴 기억하자. 꽃이 비슷한 가막살나무보다 잎이 작고 좁다.

팥배나무(심미영)

5월. 꽃은 배꽃을 닮고 열매는 팥알처럼 생겼다 하여 붙은 이름이다. 향기가 좋아 벌나비가 많이 찾으며, 앵두처럼 작은 열매는 약재로 사용한다. 관상용으로 아파트 등의 화단에서도 종종 볼 수 있다.

참회나무
5월. 이름이 재미있다. 참회. 꽃이 작고 특이하게 생겼다. 나무 키가 크지 않은데다 꽃도 어두운 편이라 가까이 다가가야 볼 수 있다. 천마산에서는 천마산계곡, 수진사 방향 능선을 따라 간간히 보인다.

귀룽나무
5월. 흑갈색 수피가 세로로 갈라지는데 마치 아홉 마리 용이 승천하는 모습 같아 귀룡목이라고 불렀다 한다. 꽃송이가 한데 뭉쳐 있어 구분이 어렵지 않다. 물가를 좋아해 계곡 주변에 많다.

괴불나무(최동기)

5월. 마치 나무에 나비 수백 마리가 앉은 듯 장관을 이룬다. 실제로 꽃은 인동덩굴을 닮았으며, 인동덩굴의 꽃처럼 수정이 끝나면 노랗게 색이 변한다. 겨울에 붉은 열매가 열리지만 무척 쓰니까 함부로 먹지 않도록. 두 개씩 쌍으로 열린 열매가 개불알을 닮았다 하여 괴불나무라 부른다. 천마산계곡 기슭에 많다.

물참대

5월. 하얀 꽃이 옹기종기 모여 피는데, 말발도리와 함께 꽃술이 가장 아름답다. 두 나무가 꽃 모양도 비슷하지만 꽃 중앙의 씨방이 물참대가 연두색인데 반해 말발도리는 진노랑이다.

쪽동백나무
5월. 흰 꽃들이 한꺼번에 피어오르는 중에도 가장 기분 좋은 꽃이다. 무엇보다 역광으로 햇빛을 투영하는 모습이 아름답다. 계곡을 덮는 낙화 또한 장관을 이룬다. 때죽나무가 여러 가지로 비슷하게 생겼으나(쪽동백나무에 비해 꽃자루가 더 길고 잎은 작다) 천마산에는 보이지 않는다. 동백처럼 기름을 짜서 머리에 바른다고 해서 쪽동백이다.

고추나무
5월. 잎이 고추잎을 닮았는데 향과 맛이 좋아 새잎을 살짝 삶아 나물로 만들어 먹기도 한다. 순백의 꽃이 아름다우며 골짜기 부근에서 쉽게 만날 수 있다.

박쥐나무

5월. 잎이 박쥐 날개를 닮아 박쥐나무라지만 꽃 모양이 무척이나 특이하고 아름답다. 천마산에는 박쥐나무가 많은 편이라 등산을 하다가 어렵지 않게 만날 수 있다.

아구장나무

5월. 아구장은 예쁘게 수놓은 장미라는 뜻이라고 들었다. 그만큼 아름다운 꽃이나 천마산에서는 묵현리쪽 정상 능선길에서만 만났다. 조팝나무 계열로 아구장조팝나무라 부르기도 한다.

노린재나무

5월. 태우고 나면 황색 재가 남는다 하여 노린재나무인데, 천연 염료로 쓰이기도 할 정도로 유용하다. 예전에는 어른들 단장을 만들기도 했다. 비교적 흔한 나무라 천마산에서도 쉽게 만날 수 있다.

함박꽃나무

5월. 이름처럼 함박웃음 같은 꽃이다. 천마산에 피는 나무꽃 중 가장 크고 화려해 등산객들한테도 인기가 높다. 그늘을 좋아해 돌핀샘 부근이나 가곡리 임도에 가장 많다.

쥐똥나무(최동기)

5월. 열매가 쥐똥 비슷해서 쥐똥나무이나 이름과 달리 향기는 정말 좋다. 산기슭 계곡에서 많이 볼 수 있다. 울타리로 많이 심어 인가에서도 만날 수 있다.

산앵도나무

5월. 종 모양의 작은 꽃이 무척이나 앙증맞다. 열매가 앵도처럼 생겼는데 새콤하니 맛도 있다. 천마산에서는 정상 부위에서나 몇 송이 자라는데 나무가 작고 꽃이 잎 아래 매달려 있어 못보고 지나치기가 쉽다.

백당나무(최동기)

5월. 야생보다는 관상용으로 자주 심으나, 천마산 기슭 계곡길에서도 종종 만날 수 있다. 법당에 심는 흰꽃이라는 뜻의 이름이며 산수국처럼 헛꽃(열매를 맺지 않는 꽃)으로 곤충을 유혹한다.

미역줄나무

6월. 덩굴성 식물이다. 덩굴의 뻗음새가 미역 고갱이를 닮았다. 높은 곳을 좋아해 천마산에서는 정상 부근의 능선에서 볼 수 있다.

산수국(곽창근)

5월. 백당나무와 비슷하게 생겼지만 전체적으로 푸른빛을 띤다. 역시 백당나무처럼 관상용으로 많이 심으며 천마산에서는 직골길 계곡을 따라 군락을 이루고 있다.

개다래

6월. 꽃은 잎 아래 달려 쉽게 눈에 띄지 않으나 꽃이 필 무렵 잎 끝이 흰색으로 변해 쉽게 알아볼 수 있다. 임도를 중심으로 어디에서나 쉽게 만날 수 있다. 다래 꽃도 생김새는 비슷하지만 꽃술이 끝이 검은색이라 구분이 가능하다.

꼬리조팝나무
7월. 꽃이 아름답다. 임도를 중심으로 산기슭 양지바른 곳에서 쉽게 볼 수 있다. 무덤가에도 잘자란다.

큰낭아초
8월. 키가 작아 풀꽃으로 오인하나 엄연히 나무꽃이다. 꽃이 이리의 이빨을 닮았다 하여 붙여진 이름이다. 천마산에서는 천마산 임도길에서 볼 수 있으나, 인가와 접한 낮은 산 여기저기에서도 쉽게 볼 수 있다.

작살나무(임성빈)
7월. 작은 보라색 꽃이 예쁜 나무다. 꽃보다 보라색 열매가 더 유명한데 오랫동안 매달려 있어 등산객들의 시선을 끈다. 좀작살나무는 작살나무보다 꽃과 열매가 더 많이 매달린다.

누리장나무
8월. 꽃은 너무도 아름다우나 냄새가 고약해 구릿대나무, 누린내나무 등으로도 불린다. 양지바른 곳이면 어디에서나 쉽게 만날 수 있다. 꽃이 화려해 쉽게 눈에 띄기도 한다.

꽃 이름 찾아보기

천마산에
꽃이 있다

들꽃을 처음 만나는 사람들을 위한 야생화 입문서

ⓒ 조영학 2019

초판 인쇄	2019년 3월 18일
초판 발행	2019년 3월 25일

지은이	조영학
펴낸이	강성민
편집장	이은혜
편집	강성민
마케팅	정민호 정현민 김도윤
홍보	김희숙 김상만 이천희

펴낸곳	㈜글항아리	출판등록 2009년 1월 19일 제406−2009−000002호
주소	10881 경기도 파주시 회동길 210
전자우편	bookpot@hanmail.net
전화번호	031−955−8891(마케팅) 031−955−1936(편집부)
팩스	031−955−2557

ISBN	978−89−6735−608−8 03480

이 도서의 국립중앙도서관 출판시도서목록(CIP)은 e-CIP홈페이지(http://www.nl.go.kr/ecip)와
국가자료공동목록시스템(http://www.nl.go.kr/kolisnet)에서 이용하실 수 있습니다.(CIP제어번호:CIP2019009274)